U0016512

于美人

我的改變練習曲

CONTENTS

前言

有實力，也可以很美麗

這不是一本給行家看的時尚書，而是一本讓我「找到自我風格的全紀錄」。書中所有的穿搭，全是我自費購買的，並沒有接受任何品牌的贊助。以我之前的服裝品味崩壞史來看，如果我是廠商，我也不會想要贊助于美人！

從前有人跟我說：「于美人你不是靠外表，而是靠智慧。」此句話還曾被我引為知音。我也打著「我是靠內涵闖蕩演藝圈」的口號，來回應工作夥伴對我不願造型的諸多不滿。

但天曉得，內心好強的我是多想靠外表啊！因為這句聽起來像讚美的話，其實是在提醒我，我沒有外表，所以我必須靠實力。

人生經歷了好一番波折，到現在我才知道，「實力」和「美麗」這兩件事並不衝突，哪有女人不希望自己又美又有才能呢？

「全紀錄」意味著我被迫回頭檢視過去的自己。每個階段的打扮，我都能回溯對照當時內在情緒的波動與連結。其實我很健忘，對於從前種種早已不復記憶（其實是不想回憶），也不記得我的固執曾造成化妝師及服裝師們什麼樣的困擾。但當舊照映入眼簾時，我除了對自己毫無身材曲線的照片震驚外，更困惑：「怎麼沒有人制止我？」

自以為的「舒適」，讓我變得「什麼都不是」

我特意打了電話詢問工作伙伴。沒想到她們竟聯手、發狠地「控訴」：于美人是她們心中永遠的痛！

人要勇敢正視自己的失敗與錯誤，才能從中學習如何進化成更美好的自己。所以，即便會被爆料，我還是勇敢的在書中邀請了三位跟我合作最久的工作夥伴，講講她們眼中的我。

其中造型師 Wing 及製作人 Christine 跟我相識超過十五個年頭，她們見證過各個階段的我。聽完她們對我外型崩壞史的觀察與解析後，我只能說：「自以爲的舒適，其實讓我變得什麼都不是。」

前一陣子，有一位網友留言給我，他說：「美人變得好美，散發出自信美與女性美，重要的不是衣服，而是笑容。衣，蔽體，乃身外物。心，內也。發自內心自信的燦爛笑顏，才使衣服發亮。自信的笑容是買不到的。」

是啊，自信的笑容是買不到的！所以我想用最直觀、最眞實的表達，讓女性朋友們知道，愛自己、讓自己有自信起來，是多麼值得努力的一件事！

推薦序

勇敢獨立的女生，也需要改變的勇氣

許心怡

之前的工作關係，我常會接觸到最新的時尚趨勢。老實說「時尚」這玩意，接觸多了眼界眞的會不太一樣，當然，也會發現到眞正的時尚icon，並不是每一季推出新品她們就跟著買，而是會找到自己的優缺點。

我自己的缺點相當明顯，我很矮，但腿還能看，這算是我的優點，再來一個缺點就是沒有腰身。這些事情我很清楚，所以我穿衣服的方式，會跟著自己的優缺點調整。

去年，美人來參加我的生日party，我們搞了一個很三八的扮裝主題：「小時候」，我穿著一件緊身的芭蕾舞裙，這件搞笑的衣服可以很明顯地看的出來我沒有腰，像是個小孩子的身材，美人看了一直笑，還問我：「許心怡，爲什麼你沒有腰，還是可以看起來這麼性感？」

如果我是一個很會穿衣服的名模，人家就會說，因爲我身材好，所以穿衣服很好看，但我擺明就是一個「特殊例證」，沒想到我這樣的人也可以穿得很好看吧！每次著裝拍照，人家都不會覺得我是一個只有149公分的女生，沒錯！我眞的只有149，但我很有自信，覺得自己是「哈比人中的林志玲」！

我認識美人很久了，二〇〇四年我還在ELLE當總編輯，找了美人拍攝了一個單元，也許同在媒體工作，又念過中文系，所以就閒聊了一會兒，那時沒有那麼close。眞的熟識，是在二〇〇九年，我剛從大陸回來，她那時候想推動一個公益蛋糕的活動，但空有想法，卻沒有人執行。

我還記得是在吳恩文的廣播節目後，在中廣遇到美人，那時候她問我在幹嘛，我說可能休息一下再找工作，她當時就在中廣的大廳疾呼：「哇！你要找工作？年薪一定很高，一定很難找，那先來幫我們的『做好事蛋糕』做執行好了。」

那年的跨年，我辦了一個「許心怡感恩party」，邀請大家一同聚聚，我也邀了美人，她拎了蛋糕就來了。我們開始聊了「做好事蛋糕」，沒想到，還眞的就開始做了，第一次做公益蛋糕活動就做起來了，捐了兩百多萬給花蓮的門諾基金會籌建新的老人安養中心。也因爲這件事情，我們開始每年會碰面好幾次，有好吃好玩的就會想到她，也就越來越熟絡了。

每年「做好事組」都會拍宣傳照，這時就是看到美人造型變化最大的時候；她以前穿衣服，基本上就像是「應酬」，就是造型師告訴她怎麼穿，這個節目的調性該怎麼穿，或者是她自己覺得身爲一個太太或一個媽媽該怎麼穿，她都是依著別人對她的想像在穿衣服，這就是她以前的「穿衣風格」！

我還記得有一年我穿了一雙很高的豹紋高跟鞋和有點蓬的裙子去拍照，她跟我說：「哇！你這樣穿起來比例好好喔！」我就跟她說：「美人姊，我覺得你應該要穿高跟鞋。」她就回我：「喔！我的腳曾經受過傷，blablabla……」聽到這個我就覺得，嗯，要讓她慢慢來，有一天她有需要，她會慢慢改變。

我說，我從前的外國老闆，也是一個女神級的人物，她曾跟我說，女生有時候穿高跟鞋並不是爲了「高度」，而是需要一些「曲線」，比方說「胸腺」是一種曲線，「腰線」是一種曲線，「腿型」也是一種曲線，高跟鞋就是在身體線條之中，製造一個曲線，當女人有了這些曲線之後，所謂的女人味也會自然的散發出來。

我跟她分享了這些，但我想她也沒聽進去，我想，那時候美人扮演的角色，就是一個主持人、一個媽媽，多過於一個女人的角色，這是她從前和現在最明顯的差別。

美人走過的路，我都走過了。離婚對我來講，有點像是一切重新開始的概念，重新把放在另一半、家人身上的心力，放回自己身上。這經驗很特別，在她經歷這段的過程裡，我也分享了很多自身的經驗。

我在經歷巨變時，瘦了十多公斤，美人剛瘦下來時，我覺得那是一種心力交瘁的瘦，並不健康，但瘦的副作用是衣服變好穿了，這一、兩年可以明顯發現她對「美的自覺」有比較多的想法，比如說她的髮型。

她從前的髮型留了相當多年，她的說法很可愛：「因爲我的臉很大，所以一定要用窗簾（瀏海）遮起來。」她一直都有這個迷思，我跟她說：「不會穿衣服的人，都會看到自己的缺點，但會穿衣服的人，就會看到自己的優點。」

美人很有主見，不是這麼容易被影響，所以以前我對她都採「鼓勵式的建議」，如果她穿得好看，我會跟她說：「今天這樣很好看」，如果她能接受，我就會再說如果可以改變什麼會更好。

她是一個內在很自由的雙魚座，但外表有一座堅硬的保護殼。我們跟她說，她可能不以為意，但有機會她就會嘗試，所以我都不會怕被她拒絕或抵抗，就是照實分享。

她現在的心境非常柔軟，已經不太像她以前女強人的角色，她現在願意把頭髮留長一點點，願意有一點點捲度，這些都是改變；一個女生願意改變，有時候是心理對於自我認知的改變，這是一路觀察美人最有趣的地方。

當然，也有很搞笑的時候，前年拍宣傳照的時候，我第一次發現她拍照比我瘦時，我還開玩笑說：「好想再離一次婚喔……」

美人的改變其實分兩個階段，前期她非常enjoy自己的瘦，怎麼顯瘦怎麼穿，但那瘦其實缺少了一點女人味，後期的改變就變成2.0版的于美人，多了女人味，是一種發自內心的美麗。

看著她的轉變，我是一路都在驚訝，一路都在「哇！哇！哇！」。美人的狀況就是當她的想法醒了，身體醒了，她才有辦法穿出女人的味道，這事情並不是買衣服、換造型、換髮型就可以達成的。那是內在的改變，而且很有趣！

體型的改變，狀態的改變，這些都是外在顯見的，我覺得最有趣的是，心理的改變：她有女人味多了。女人味這件事，跟年紀沒有關係，她現在的心境比前更是一個小女孩，不只穿著，連表情上都會有些改變。

當我們聚在一起吃飯，分享彼此生命中的故事，大家都看得出來，她的眼神變化。有一次，我、吳恩文和美人在吃飯，我分享了我離婚後的小故事。

那是我離婚後，第一次跟男生，像是約會般的出去吃飯，在家準備化妝穿衣服出門前，我在房間裡先哭了一場。因爲我發現，我上一次約會可能是十幾年前的事情，我已經不知道跟一個陌生男子吃飯該有什麼態度？那感覺讓我非常恐懼，這個恐懼可能大過我提出離婚，或是搬出家門時的恐懼，那是很內在的經歷。當我跟美人說時，她的眼神告訴我，她聽懂了。

美人在我們之中一直有著大姊頭個性，她習慣照顧大家，關心大家，我跟她說：「你有沒有想過，可以藉由你的例子，讓很多可能沒有勇氣善待自己的女生得到很大的激勵？」

我們認識很多勇敢、獨立的女生，但也許有更多女生需要一些「改變的勇氣」。以前的于美人就是婆婆媽媽代表，她來出書分享她的故事，會對這些女生帶來正面的影響，在每一段關係之中善待自己。

這件事情代表著，我們的心情已經準備好，要進入另外一場人生旅程，這是外界看不到的改變，但說真的，一切都要先讓「心」改變，所謂「穿衣服風格」這麼虛幻的事情，才有辦法改變！

美人姊，謝謝你一路以來的努力，你的改變，無論是外在的造型或是內在的勇敢，都讓更多的女人得到了莫大的勇氣！

（本文作者為「愛飯團」團長，前時尚雜誌總編輯）

推薦序

穿上每一件衣服之前，你得先穿上自信！

小四老師

之前「于美人」這三個字，一直給我不同的驚豔。最早知道她，是驚豔於她的口才與智慧；現在則是來自她的轉變，那是從內而外的漂亮轉身。

早在我還沒有踏入娛樂圈擔任造型師時，我就是美人姊的粉絲了，當年，我還在小雅（精品代理商）當店經理，那時美人姊還沒有到螢光幕前發展，只是一個由補教界轉往廣播主持的老師。

她主持的廣播節目討論的主題五花八門，彷彿上知天文下知地理，她都知曉，她反應機靈，言談有物，久而久之，她的談話內容和思想，就駕馭了我的感官神經，讓我變成她的小粉絲。

後來，我轉戰造型師，美人姊也由幕後轉到幕前，我才開始稍微觀察到她的造型，她從前的穿著就是帶點貴氣的好太太、好媽媽，這跟我知道且認識的美人姊完全相符，完全不影響我崇拜美人姊的「粉絲模式」。

直到四、五年前，我終於有幸在歌唱節目《超級紅人榜》中幫美人姊造型，剛開始合作，就是小粉絲遇上心儀偶像；她最喜愛方頭厚底拖鞋，因爲那是她認爲最舒適的鞋子，所以我幫她準備爲了搭配衣服的三吋高跟鞋，她都會跟我說：「可不可以不要穿這麼累人的鞋子。」

那時她手上節目多，一週七天，幾乎天天都在錄影。我完全理解，她必須保持她最輕鬆自在的模樣，才有辦法面對這麼大的工作量；但爲了整體造型的美感，我還是照樣準備三吋高跟鞋、小洋裝給她穿。

直到有一回錄完影回到後台，她看著洋裝和鞋子，直接跟我說：「我不了解你的邏輯！」我當然了解她的不習慣與不適應，但我對我自己做的造型也很有自信，於是我回了她：「你放心，你不用了解我的邏輯，如果你了解你就來當造型師了，如果我了解你的邏輯，我就去當主持人了。」想一想，那應該是小粉絲第一次對偶像回嘴！

「很高興看到現在的你！」

去年我上了《私房話老實說》，碰上了「改變中」的美人姊，初見她時，當年聽廣播的小粉絲心情又回來了！她穿著迷你窄裙、細跟高跟鞋，就像是在《超級紅人榜》時期，我想讓她穿的造型一般。

美人姊大變身，且變得太漂亮了！跟美人姊聊天後，我才知道，當年的她不夠有自信穿上那些她自認比她漂亮的衣服；「造型」有時候不只是把「衣服穿上去」，還要有足夠的信心，才能有氣場撐住衣服，現在的美人姊，人放鬆了，由裡到外都散發著自信，衣服再華麗，她都不用擔心了。

一路看著我的偶像走到今天，心中眞有說不出的感動。

這本書的確是她「重生」的最佳見證；美人姊的改變，是去蕪存菁，捨棄掉一些，然後再重新組合，在經歷一連串的人生歷練後，她現在不僅擁有超強氣場，還站在人生最高峰呢！

推薦文

面對真實的自己，也是重生的必經過程

Christine

當美人跟我說：「嘿，我要出一本跟時尚有關的書喔」，我心想：「你跟時尚一點都沾不上邊呀」，我當下回她：「演藝圈誰都有資格出時尚書，唯獨你沒有，因爲你的品味實在讓人太難以理解，也不敢恭維！」

美人大概是我認識世上唯一能如此沒有美感又爲所欲爲的藝人，跟她一起工作的那段時間，她的整體打扮令我們頭痛到極點。但這還不是最困擾的，最困擾的是她一直、一直都認爲她自己的品味不錯！

以前的她如果聽到我吐槽她品味差，一定會跟我展開一場激烈的辯論，但現在的她很自覺的回說：「眞的！我哪能談什麼品味、美學。我能分得清楚紅色、橘色就算很了不起了。但我有在努力，我有進步一點點。那場浩劫後，我很認眞的反思、嘗試改變我自己，內在、外在都有在進步當中，不是嗎？」

聽她這麼一說好像也沒錯，她的確在那場浩劫後有非常多的改變，個性上、口氣上、態度上都不一樣了，外觀（視覺上）更爲明顯。

她說：「不要對我這麼苛刻嘛，我很努力、很努力、很努力在學習，我的改變是大家有目共睹的。我希望那些跟我一樣遭遇過生命巨變的女性，都有機會由內而外讓自己煥然一新，變得更好。其實我眞的沒有資格教人，但我覺得我自省、學習、改變的過程是值得拿出來分享給別人力量的。如果連我這個毫無美感的人都能做到，那其他人一定能做得比我更好。」

的確，她這兩年多來變了許多，內心正在爲她感到高興的同時，她又不經意地問我一句：「我以前眞的那麼糟嗎？」看了看她，我說：「妳問的是性格、態度還是服裝品味？」她滿臉無奈的笑著回我：「我知道我以前很難搞，很固執，但我眞的有認眞的在學習。你說吧，以前的我是怎樣的，我願意洗耳恭聽。」

於是我們幾個跟她相識十幾近二十年的好友兼工作夥伴們，決定聚在一起好好回顧她那驚人、氣人、又惱人的往事。我想她應該很後悔叫我們說實話，但其實這似乎也是她重生必經的一個學習過程。

窗簾外套VS.俐落優雅，
謝天謝地，等了15年，
眼睛終於不用再被荼毒了。

（本文作者為前電視製作人，與于美人認識15年，合作過多個節目，對於她的前後改變知之甚詳。）

Formal
opening

我以爲別人尊重我，
是因爲我很優秀。
慢慢的我明白了
別人尊重我，
是因爲別人很優秀
優秀的人更懂得尊重別人
對人恭敬，是在莊重你自己。

——倉央嘉措

我一直是個自我感覺良好的人，加上入行二十年，被大家的包容寵出了驕氣、不耐煩和自以爲是，讓我不論在婚姻或人際關係上不停的犯錯。每一次的被原諒都不知反省與珍惜，只是讓我更流利的犯錯，終達不可收拾。

有好一段日子，我天天分身乏術，因爲同時有太多的事情要忙。家裡、公司、節目、活動，太多太多了。但實際上公司沒有做好、婚姻也沒有顧好，我卻不知爲何要把自己忙成這副德行。

我曾經問過我自己：「你到底在幹嘛？自己忙不打緊，還讓一堆人跟你一起轉，到底爲何？」那時的我，每天都拎著同一個包包，因爲忙到沒空整理。我沒有留任何一點時間、空間給自己，也無視關係中的冷戰與熱吵。因爲我無能爲力。

曾經有一次，我整天奔波，開完無數個會後，以爲已經午夜一點，一直和跟了我一天的友人賠不是。結果她看了看時間，才十一點半，我卻累得像半夜一點了。心境上的疲憊，遠遠超過軀體上的勞累。日子過得渾渾噩噩，更衣室的衣架掉在地上好幾天，每天都視若無睹的跨過，卻沒有想過要撿起來。廠商送的醬料堆在廚房，放到過期還沒拆封。生活品質糟透了，身處其中卻視而不見，生活毫無滋味。

我硬撐著，錯把別人的期待，變成了自己的責任

別人給了我很多期待，讓我覺得「我一定辦得到」，但其實我根本無能爲力，只好硬撐。要承認自己會「辜負期待」「無法達成期望」是很困難的。因

爲「硬撐」已成爲一種「慣性」，我又有放不下的「執著」。
於是，在大家看不見的潛意識世界裡，「我想改變」的意志力，總是不敵慣性的拉扯。
我們總會說，人要改變，就是要放下舊有思維、學習新的觀念，或是「有捨才有得」之類的，但這眞的艱鉅無比！我之所以覺得「于美人的造型看起來截然不同」很重要，是因爲在你們看到我外在變化的同時，我內在心境也在默默轉變，變得願意放下執著。那是我覺得最可貴、最得來不易禮物。
當然，過程中，我常無預警的掉入舊思維的漩渦裡。那不只是外在造型跟慣性在拉扯，而是我在跟內在的慣性拔河。
以前的我，完全不願意配合造型師在我身上做文章！就拿吹髮型來說，每次都得枯坐那半個小時……那些時間我可以做好多事！而且，我深刻的認爲，觀眾在乎的是我的內涵，我的談吐，不是我的外表，我又何必在外型上下太多功夫呢？
其實，我的抗拒，是來自於內心最深處，對自由的渴望，也是想要斷開綑綁時的無力又蒼白的吶喊。

抓得越緊，失去的越多

回頭檢視那段造成工作夥伴們困擾的日子，正是我婚姻關係最緊繃的時期。我把能妥協的空間與力量都用在維繫關係上，以至於我完全不想再在其他地方妥協。我恐懼的是，再妥協，我就眞的看不到我自己了！

我選擇把目光及心力都投入在工作上，爲了豐富節目內容，大量的閱讀資料、書籍、腳本。我付出很多、很多心力希望把節目做好，其餘那些對我外表、造型、穿著上的諸多提醒與要求，對當時的我而言是too much了。我只能在夜深人靜時，心裡瘋狂吶喊：「我都已經這麼用功、這麼努力的付出，爲什麼沒有人看得到？」「爲什麼還要我做這麼多無謂的配合？」「爲什麼不能讓我保有一點點舒適的空間？」

我沒有意識到，其實旁人的提醒與要求，才是眞的爲我好，他們不願見我就此埋葬自己。我對外表越不在乎，所散發出來的自我放棄、任憑侵噬死亡氣息如此濃烈，濃烈到別人已難以忍受。我早被婚姻幸福、家庭美滿、事業成功的形象給捆死了，卻不自知。

當下的我不是不在乎美醜，是我對這件事完全無感了，麻木了，自我放棄了。

我關掉了對親密的希冀、對言語溫度的渴望，也切掉了對美醜在乎與否的按鈕。

慣性與妥協的人生，才是你應該恐懼的

能「砍掉重練」是人生難得的機會，誰都不應該就此否定自己，而是學習從中找到新生的力量。有機會過不一樣的人生，這是多麼值得感恩的事情。感恩命運，感恩過去所有跟自己有過交集的人，感恩伸手扶你一把的那些人。

我想用我最眞實的紀錄讓「知道應該改變，卻又害怕改變」的朋友們了解，改變並沒有那麼的恐怖，慣性與妥協的人生，才是你應該恐懼的。

有時候，我們會覺得自己沒能力去改變，那是假的，其實是「害怕生活出現大改變」，因爲改變意謂著一切重頭開始。這樣的念頭一浮現時，身、心就會不自覺地往後退個好幾步。但這不是能力不足，是恐懼，你恐懼要去面對這

麼多的未知、這麼多的一切統統都得重頭來過。

你我眞的無能爲力嗎？是什麼讓我們卡住了？或許有很多心態跟我一樣的女性，正承受著跟我之前一樣的恐懼，我們都不相信我們有能力讓自己過得更好。所以任由不安、害怕、無力感將我們框住，然後五年、十年、十五年，最後走到命運的終點。

那種恐懼與不安，我懂！改變所帶來的痛苦與彆扭，我懂！但不是所有的改變都會像我的這般毀滅與不堪。如果我們可以提早斷開慣性的牽絆，提早學會對自己好一點，提早讓別人感受到你值得被愛。那你的人生道路一定會比我的順遂許多。

書裡所提到的「改變」不是要你結束一段關係（當然如果你的關係是需要做調整的，那就調整），而是「改變心境」和「改變態度」。以我自己爲例的改變有很多，最顯而易見就是「服裝造型」，但最值得跟你們分享的是「過程與心境」。

施寄青老師在離開前曾跟我說，我在浩劫重生後的第五年會面臨和解的問題，我心想著我要跟對方和解？是這樣嗎？三年時間飛逝，我忽然驚覺，不是跟對方和解，是跟我自己和解！因爲過去這三年裡，我不斷的恨自己、責備自己，恨自己怎麼會把人生過得一蹋糊塗，氣自己爲什麼不勇敢一些早點改變。我好氣、好氣。我告訴自己人生沒剩多少日子可浪費，我必須承認失敗，才有機會再活起來。這或許就是和解的開始。

我們的內外在是相互牽引的，外在改變會引動內在，內在改變會反映在外在。這讓我想到了我多年前看到的歐普拉秀的節目片段。歐普拉在節目中聘請了一組專業團隊，來幫一位婦人做整體造型改造。婦人在要被進行改造前，除了覺得很興奮之外，她也顯得有些不安，因爲她不知道她會變成什麼樣的自己、有沒有辦法接受新的自己。毫無疑問的，被改造後的婦人美到不行。歐普拉問她開不開心，她說了一句話，讓我印象非常深刻：「我今天這麼美、明天怎麼辦？」是啊，如果只要美一天的話，花錢就做得到，可是明天的你怎麼辦？

改變需要勇氣與決心，美醜與否不是改變的最終目的，那只是個易見的過程。最終的目的，是要學會多愛自己一些。

打扮是一種日常，是生活的一部分

從前，我都覺得「打扮」是一件很隆重的事情，後來才知道「打扮」是一種「日常」；已婚的女人經常過著很極端的生活，重要時刻打扮，平常卻邋遢得要死，這樣的女人怎麼會有魅力？人的生活模式固定了以後，就容易習以爲常，也不願意做任何改變。

書裡所有的穿搭概念，都是我親身去實驗之後的心得報告。我沒有能力教你時尚，可是如果一個阿桑可以穿得跟時尚沾上一點邊，這絕對是花了一番努力所得來的成果。這努力帶來了很多振奮人心的收穫，而我希望把這樣收穫跟你們分享。就像我在前一本書把我諮商的過程分享出來，很多人從中獲得了不同的感想、力量與勇氣。

如果我可以，你也一定可以，讓我陪著你一起斷開慣性、打破迷思。

在荒野中重新盛開一朵玫瑰，好嗎？

特別介紹——V小姐

于美人：

在這兩年的時間之中，我從穿著、外表進行改造，我的造型師好友V小姐陪在我身邊，見證了我最大的改變，她不僅在造型上都能做出最精準的建議，也能一針見血的抓出我性格中的慣性，加以剔除。她是陪著我「找到自己」的最佳伙伴！

工作伙伴 V小姐

對於美人這兩年來的改變，我是感到高興的……因爲她的翻轉如此之大，雖然我盡量貢獻出自己的專業，可敬的是，她也非常努力。美人是個非常有修養的人，她說話很急，個性很固執，有時候很懶惰，甚至於抵死不從，可是她還是能保持風度，爲僵局找到一條路。

我認爲，她應該是那種覺得「亂發脾氣」是自己行爲的污點，所以在情緒處理方面，她幾乎沒有太激動，即便我提出的建議，要她改變的那麼多，這也是我認爲她最美的內涵和正確的待人處事的態度。

我想，這也是大家不會眞的離開她的原因。過去和她合作過的人，都願意再回來在這本書裡「公審」她。因爲，大家還是很愛她。

她的崩壞不是一天造成，她的羅馬城也不是一天築起，即便現在她已經逐漸知道怎樣用最簡單的方式表現自己的優點，但還是很喜歡偷偷搞怪一下，把自己搞成調色盤，把自己當成白老鼠，衝動購買不適合自己的服飾，就想要證明自己的穿衣品味。

現在的她，正積極努力開創自己的新人生，我對於她的祝福，就是希望她無論在什麼樣的年齡，無論什麼樣的生活方式，都能夠呈現自己過去最眞與未來最美的那一面。

祝福你，美人！

Victoria

3 Points
Find Your
Style

第一章

找到風格的三大原則

在改造之初，我不知道我的個人風格是什麼？外界看我是「很成功，有腦袋，理性與感性兼具」。但我自己認定的風格是什麼？我的穿衣風格又是如何？

我很不想承認，但在熟齡將至，我居然找不到穿著風格，說嚴重一點，我找不到自我，那份自我，不是來自於男人的肯定，不是觀眾對我的肯定，而是自己對自己的肯定！

學習找尋自我、肯定自我的能力不是與生俱來的，要經過練習和訓練。風格也是。

原則 1
好髮型是大嬸和少女的分水嶺！

人生中第一次被外國人讚美髮型好看，是我去年到英國旅遊的時候。當時我一個人在英國倫敦逛 Victoria's Secret，從一樓往五樓逛上去。整個過程一直有位英國女孩和媽媽跟在我的斜後方。這英國女孩後來說，她們母女跟了我上上下下這麼久，只是想告訴我，我的髮型剪得真好看！天吶！我被讚美了，而且是被不認識的外國人讚美，如果用「開心到要飛起來了」來形容我當時的心情，真的一點都不為過。

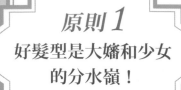

髮型比臉型重要

「髮型比臉型重要」是我這兩年的體悟。每個人都很在意自己的臉型，但是臉型是天生的，我們沒有辦法輕易去改變，除非整容。所以與其浪費時間在哀怨自己的臉型不好看上，不如交給髮型來拯救。

但是「萬事起頭難」，尤其是我的「頭」。我對於新書籍、新資料的接受度很高，但對於更新自己的造型，接受的程度趨近於零。

浩劫過後，V小姐建議我應該要改變一下髮型，給自己一個不一樣的心情。她說：「你喔，一個很恐怖的髮型放在很大的頭上面，就像是一個大貢丸插在一支細瘦的筷子，整個比例都不對！你需要改造的第一要點，就是髮型！」

我瘋狂拒絕，告訴她我辦不到，我覺得一切如舊就好，因爲任何改變都會令我恐懼。她給了我一記當頭棒喝：「十五年的關係上了頭版、進出法院是你想要的嗎？你討厭改變、怕承受不了，那你現在死了嗎？你已撐過了一般人可能無法承受的驚滔駭浪，然後你告訴我：『我換個髮型會要命』，這合理嗎？」我瞬間語塞。

貢丸變美人的第一步

我的臉型不夠立體、鼻子不高、眼睛不大，我有自然捲、髮量很多，也懶得整理頭髮。V小姐覺得必須用頭髮線條帶出臉型，所以俐落並具立體感的髮型會是首選。爲了確保比例好看，首要任務就是把我那又蓬又厚的髮量變少。我百般不願意的接受得被「改造」的事實。

到約定的那一天，人都踏進了髮廊，我還在做最後的掙扎：「可否只洗頭？」當然是被秒間被否決。眼見掙扎無效後，我決定放棄己見、聽從專業意見。不知道究竟是我頭太大、還是髮量太多，剪髮剪到我都睡著了。醒來後的我，盯著鏡中的自己，徹底感受到什麼叫做「髮型比臉形重要」。

大家還記得我之前有過的髮型嗎？大概只有兩種，多數的歲月是無造型可言的方塊頭，短暫的時光是很有造型的泡麵頭；友人形容一種是像濕了的海苔片黏在頭上，另一種則像泡很爛的泡麵倒蓋在頭上。不管是上列的哪一種型，

我都從未被讚美過髮型好看。以前每次剪完頭髮，我都會很得意的在錄影現場跟我的髮妝造型師說：「怎樣，新造型不錯吧！」她們只能默默的跑去跟製作人抗議：「現在是什麼狀況？這顆頭越變越大，又不肯讓我們好好造型，到時候要怎麼上場啦？」

舉個例子來說吧，「妝、髮、服」三樣是所有節目主持人必須配合造型師完成的。一般來說，妝髮造型師會依服裝風格去搭配髮型跟妝容，如果一天錄四場，服裝師配的衣服分屬兩種風格的話，我至少要變化兩次髮型，才能確保整體感完整。但二〇一三年之前的我，完全不肯讓造型師在我臉上、頭上、身上做任何新的嘗試。我只准她們吹我習慣的造型，借我習慣的寬鬆服飾。那時的我，還自以爲幫她們節省了好多時間，卻沒看見她們眼裡的落寞。

如果說改變練習曲的主旋律來自於 V 小姐，那麼帶起樂章的第一個「高潮」是 Ernest。他是香港朋友介紹的髮型師，非常熱愛運動，尤其是跑馬拉松。他將跑馬拉松的耐力與耐性發揮在幫我剪頭髮上。第一次讓他剪完頭髮後，我並沒有什麼特別的感覺，但一路從香港搭飛機回台北的途上，新髮型讓我得到太多的讚。前後也才兩天時間，在體重沒有變、臉型沒有變的情況下，但大家都覺得我變好多，原來功力就在尺寸之間！

後來耐斯 566 找我拍染髮劑的廣告，還特別請 Ernest 來台北幫我弄頭髮。整個拍攝時間超過十四個小時，在完全不能噴髮膠，又要能呈現出蓬鬆感，還要能定型的要求下，全靠他吹整的功力 hold 住全場。廠商和導演都對他讚不絕口，我也與有榮焉。

那個穿著厚底拖鞋的惡魔！

造型師 Wing

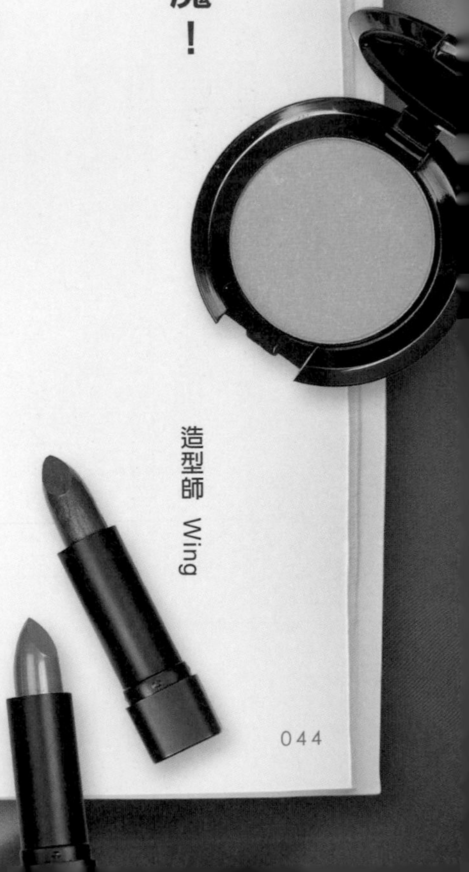

我應該是跟美人合作最久的化妝師。

我還記得，第一次跟她合作的節目是《相好星期五》。她的限制非常大，例如說頭髮不能噴膠，因爲她覺得每天洗頭很傷頭髮，我只得絞盡腦汁想辦法，例如買假髮來讓她戴。不料上了台後，怎麼樣都不好看，因爲她頭本來就不小，戴假髮就更大了。

那段時間其實是各種煎熬跟考驗，但我們幫藝人做造型就得讓她開心，因爲如果不高興，她上了台就不會有更好的表現，所以我們只能盡量滿足她。

她之前做過一件很經典的事情。她不會刻意爲難人，但若心血來潮或不注意，容易讓服裝師的腦細胞死一半。某天錄影錄到放飯時間，她想外出用餐，就跟服裝師說：「那我直接穿這件大外套去吃飯好了。」服裝師都知道，借來的衣服，如果有弄髒或損壞得自行吸收，一個不小心，整集的酬勞就沒了。

但她都開口了，服裝師也不好拒絕，只好祈禱衣服能完好無缺的回來。結果，她吃太飽了，飽到把大衣的扣子給撐崩了，那件兩萬塊的大衣少了一顆扣子，服裝師連忙沿路找，不幸的是沒找到，美人姊知道後立刻自己買下來。

美人姊常有令人想不透的點，她明明就可以記住大量節目上的資訊，甚至腳本翻兩下就可以記住所有的重點，但她對記人名這件事就完全不行。以前服裝助理總是來來去去，做個三五個月就換人，或者幾個不同的助理輪流來錄影。她爲了省事，就自行決定以「小玉」來統稱助理們。

有沒有覺得這個橋段在哪個電影裡出現過？沒錯，就是《穿著PRADA的惡魔》！但她這習慣早在那部電影上映前就有了。她記不住人名的這件事，造成別人心裡的諸多不快，誰會相信大腦如書庫的她居然記不起別人的名字？但跟她工作久了，你會發現她是眞的有這方面的困擾，又或者她很怕跟人太親近，然後那個人突然離職時，她會失落，因爲其實她是性情中人。

跟她合作的那幾年，我幾乎是全年無休，完全沒辦法好好放假，因爲根本找不到化妝師願意來代班。如果心臟不夠強的，來代班一次大概就得去收驚一個月。她對於不熟悉的、新的、不一樣的人事物接受得很慢。坦白講，有點到莫名抗拒的程度。她自己可能沒發現這一點，但也就是因爲這一點，她才會被傳很機車、很難溝通。漸漸地，其他化妝師只要聽到她的名字，都會跟我說：「我可能沒辦法搞定她喔，還是你自己畫吧。」

某一次，有一個很臨時的CASE，我時間實在沒辦法喬開，廠商只好找了一個新的化妝師。每個化妝師有自己不同的上妝手法，但那時的美人姊對於這狀況的接受度近乎於零。美人姊習慣用輕輕按壓的方式打底，但偏偏那位化妝師的習慣是用拍的，結果人家才拍了兩下，她眼神就射了過去，然後問：「你現在是怎樣，把我當肉餅在打嗎？」當場把人家嚇出一身冷汗！

跟美人姊合作到最後最麻煩的是「她再也不要有造型」，因爲她的工作太忙了、事情太多了，她來錄影完全只重節目內容、腳本，連我和服裝師想要幫美人姊做個全新的造型，或好好的畫一個妝。但到錄影當天就直接被打槍。幾次下來，我們也只好宣告此人得了「讓我醜死，不要救我」的不治之症，那內心的挫折感是旁人無法體會的。

簡單來說，我覺得那些日子我像個「代工」，不是化妝師、不是妝髮造型師，也沒有發揮的空間，就是一個滿足她需求的代工。

回想一開始跟美人姐合作不久時，她正好要去紐約，她隨口問了我要不要幫我帶什麼，我沒多加思索、開玩笑的回：「那妳幫我帶Mac的化妝箱回來好了」。說實在的，我壓根沒想過她眞的會買回來，而且是一路從紐約幫我手提回來的，那時隨行的人還問她「對方是妳的什麼人？妳幹嘛要幫她手提這個這麼重的東西回去？」。她的這個舉動讓我當下在內心跟自己說「不管她有多難搞，她絕對是個刀子口豆腐心的人，所以我決定一定要好好幫她畫下去」。

那幾年，我們雖然過得戰戰競競，但都打從心底捨不得她。她對工作人員的關心、疼愛，大家也是有感的，她會做最好的料理給大家吃。要跟她相處夠久才能理解，她的怪，其實很溫暖。

（本文作者為與于美人認識18年，合作12年的化妝師）

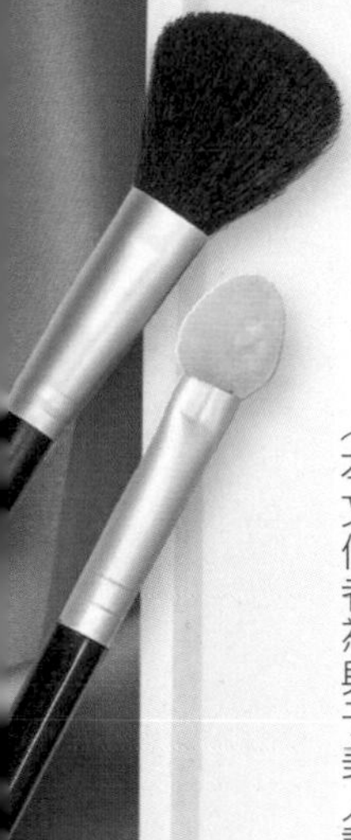

Before

這些分別是 10 年前到前一陣子的舊照。一樣的臉，一樣都有造型師幫忙，只是我的心境不同之後，願意改變，走出慣性。你們覺得呢？

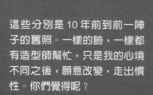

After

不同髮型即可帶來截然不同的風情

Tips

找到自己適合的髮型後，在後續修整上只能微調，千萬不可心血來潮的大改版。除非你本來就打算將衣櫃內的衣服大清倉，全部重買，不然就是在跟自己的荷包過不去了！想像一下，性感姊姊謝金燕如果突然剪去她的招牌直長髮，那還能將原本的衣服穿出長髮時的味道嗎？

髮型為臉型帶來的影響妙不可言，而髮型影響服裝的威力更令人咋舌。所以想改變，就從頭開始吧！

原則 2
身上不超過三種顏色，優雅不平庸

這是很簡單，也是很好懂的原則。年紀小的時候，我們很敢穿，把各種顏色搭在身上，深怕別人沒注意到我們；等到年紀大了一點，才發現不要超過三種顏色的穿搭，才是俐落優雅卻又不平庸的秘訣。

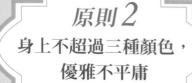

我初期開始嘗試改變時，只在顏色上下了功夫：嚴格執行不超過三個顏色的原則。一旦嘗試將身上太多顏色減少時，馬上清爽起來。大家以爲我做了很多的調整所以變美，其實我只是把多餘的顏色拿掉而已。

聽起來很簡單，這如果一個沒理解正確，有可能是悲劇。我就碰過一個朋友跟我反應說，她有遵守身上不超過三個顏色的概念來穿搭，但看起來就沒有那樣清爽。

她邊說邊指著自己的上半身說：「你看，我身上黑色的毛衣、咖啡色的外套、乳白色的圍巾，就三個顏色呀！」我看了看發現，她上身是只有三個顏色沒錯，但下半身還有藍色的褲子、裸色的平底鞋，頭上還戴有粉色系的髮飾，如果連她紅色的指甲油都算進去，她眞是七彩繽紛。

注意，是身上不超過三種顏色，不是上身不超過三種顏色。換句話說就是所有**你肌膚有接觸到的面積**，**盡可能保持在三種顏色**即可。這其中包括你隨身背的包包，因爲當你背、或提、或拿著的時候，它就屬於你身上的一部分了。

當然，並不是說穿衣搭配一定要身上的顏色是三種。這類說法只是適用於不了解適合自己風格的前提，不超過三種顏色的穿搭，只是讓你更簡單便捷的搭出好的效果。

年輕的時候，你可以把所有衝突的顏色都穿在身上，因爲你有「青春」這個最強的武器，可以平衡一切的衝突感，讓衝突也能變美。但到了熟年，請記住「Less is more」。

在開始執行三個顏色的原則期間，你必須先做些色系、色溫的功課。可以去買本「色彩學」的書籍回來，擺在家裡最明顯、易拿取的地方，可以隨時翻

像是這件花色上衣在搭配時下半身可以選擇有上身花樣有的顏色。比方說這件白底花色上衣，上頭有綠色的花樣，因此下半身就可以搭配綠色的長褲，當然也可以選擇橘色系，都是在原則內的變化。

閱，想像自己身上的搭配。

小提醒是，別臨要出門搭衣服時才翻閱，而是有空就隨手翻翻，來回多看幾次，因爲隨著時間跟自己的改變，在不同時期的你可能會從中領悟到不一樣的訊息。除此之外，在翻閱時尚雜誌，試圖吸取其他人的穿搭概念時，要記得兩點：

1、雜誌裡的model這樣穿好看，所以我這樣穿也很會美？這可不一定！請注意該model的身高跟自己的比例是否相近。

2、髮色、膚色的差異，也是必注意的重點。冷色系的人跟暖色系的人，穿同一件衣服，給人的觀感是截然不同的。所以想要讓自己變得更好，付出時間學習是必要的！

Tips

掌握主色、輔助色、點綴色

一個人從遠方走來，我們一眼能分辨主要的顏色，就是衣服的主色。主色、輔助色、點綴色可以看作是身上搭配出現的三種顏色。

主色是占據全身色彩面積最多的顏色，大概占 60% 以上，輔助色是與主色搭配的顏色，占全身的 40% 左右。點綴色一般只占全身面積的 5%～15%。它們通常為絲巾、鞋、包包、飾品甚至是唇色等，以畫龍點睛為主。

最會用點綴色的，要算是日本和法國女孩，日本最愛用絲巾，讓你不由自主的注意到臉蛋；法國女子最常用帽子，展示女人的浪漫情懷。

這裡的三種顏色，是不包括黑白灰的（因為黑白灰是無彩色系，百搭），金銀兩色也不算在三色中，然後，同色系的顏色，如深藍和淺藍，不需嚴格算作兩種顏色，但即使是同一色系的顏色，也最好不要使用過多顏色。

配件的顏色算嗎？

剛剛提到的三種顏色，要記得包包的顏色也算在內喔，所以在挑選下就變得格外重要。很多人可能會認為，只要買很安全的顏色，例如黑色就好，也不易出錯。但千篇一律並不會為你的整體造型加分，反而會被安全感給定型。當然，不是要你買十幾二十種顏色的包，但有時服裝搭色不夠吸睛時，來點有顏色的配件，就能讓你不被淹沒在人群中。

包包的挑選原則

1
包的尺寸
符合身高

建議嬌小的你就要挑小包，像是我不到 160cm，如果再拎個尺寸大的包包，就會顯得我很矮。高個子女孩，當然選擇就多了。

2
只要是適合我的包包，
有同款的鞋，我就買！

一般來說，先搭好上衣褲子，再花時間搭鞋子，然後再配包，碰上腦筋轉不過來時，有可能就一下鞋子 ok、包不行，一下包 ok、鞋子怪怪。但有同色、同款的包包與鞋子，就可避免掉這樣的困擾。只要手上拿的、腳下踩的有一致性，那整體感大概就對了一半以上，safe ！

黃＋灰

這組是很單純的黃灰搭配法，領口上綁的一樣是男生西裝口袋用的三角巾。為了創造出垂墜感，我將兩條綁一起，延長它的長度。主要的目的是要呼應包包上的灰。

黃＋鐵灰

這組的包跟鞋是同款，所以不會有色差的疑慮，搭的是鐵灰色的褲子。它不適合配黑褲子，那樣會顯呆板。當包包側背上肩時，會顯得上半身的黃色面積過大，所以配了條黑色的腰帶來抓出線條。它並不是圍巾，它只是用來做造型的一條腰帶。淘汰舊洋裝、外套時，記得把它的長腰帶留下來，日後會派上用場。

黃＋酒紅

這組的包跟鞋是同款，我稱這組搭配為「喇嘛色」，這樣的配法讓人感覺很順眼，是因為我們已經看習慣喇嘛的服裝這樣配色。但因為整體顏色偏重，所以搭了條 Chanel 的錢幣項鍊，來做平衡一下。

黃＋藍

很南法風情。因為包包上已經有花紋，而且鞋子的線條明顯，所以就不用再在領口上做文章。這組的風格很搶眼，會給人一種很清爽、帶有陽光的氣息的感覺。

這件針織衫的特色，在於它的顏色是可以被大膽運用也不會出現違和感的。

神搭配
一件針織衫，給你八種顏色瞧瞧

這八張照片完全呈現我一直提及的「身上不超過三種顏色」&「同色同款鞋包」概念。

黃＋粉紅

因為搭的是平底鞋，整體看起來顯得比較平、比較矮，所以我選擇在領口創造焦點。搭了一條可呼應鞋子上金色釦子的項鍊，剛好也可呼應到包包的釦環處，這樣就比較有整體感。

黃＋綠

黃配綠是個很亮、很清爽的搭配法。整體的焦點會落在包包上的那個撞色蝴蝶結上，所以就不需要再在領子上做裝飾。

黃＋紫

這組領口處的絲巾有畫龍點睛的作用，它能讓原本略顯單調的上半身變得活一些。因為只需要小範圍的點綴，所以選擇用男生西裝口袋的三角巾，這樣比較貼。

黃＋桃紅

這組的包包跟鞋子是在同一家店買的。為了能凸顯灰靴的桃紅色鞋跟，我特意去 UNIQLO 挑了這條桃紅色的圍巾，這樣就很有整體感。

千萬不要以為照片中的針織衫是百搭，因為它只能搭這種款式的褲子，一旦褲型不一樣，整體感就會不見。

原則3
速速離開百搭、耐髒、多功能俱樂部

以我的經驗，初學者必須跨過的第一步，是嘗試凸顯自己優點的穿著，而不是緊守心中舒適的打扮。或許你會想，穿衣服幹嘛限制東限制西？這樣能穿的衣服越來越少。

我倒是覺得，找出身材優勢之後，可以穿的衣服類型更多元了！以前能穿的衣服說是百搭，但風格真的很單一。現在，只要符合身材優勢，各種形式的衣服都能穿。我打破的是自己的牆壁，那種無限可能的感覺很好。

台灣女生的穿衣風格有三種。第一種女生喜歡不斷的嘗試新風格，一下飄逸、一下帥氣，再來個OL或是運動風。簡單來說就是變來變去。

第二種女生是緊守一種風格，叫情有獨鍾風，只是感情放錯地方稱之為懶惰風，又稱亂搭風，但她們自認為那是樸實、舒適風。

第三種女生則是自我認知較明確、懂得善待自己的一群。她們肯花時間自我檢視，找出最適合自己衣服、配件，並學習在主要風格下，打造出更好的自己。你是哪一種？

我穿得很寬鬆，其實是把自己綁得很牢

我先自首。在結束婚姻關係之前，我走得是懶惰、亂搭風，恐怖的是，那時的我竟然渾然不知。

我的歪理千百種，包括：我都是人妻了，打扮給誰看／帶小孩當然要穿得舒服／主持節目的服裝就是要舒適才有利於思考（這一點聽起來很牽強，但我還眞的這麼說過）。因為內在情緒受到綑綁，所以不自覺的一直在生活中尋找

「自在感」，總覺得穿得寬鬆些，就能換得心靈上的舒適。

那自以爲的寬鬆，其實正是把自己綑綁得更牢更緊的元兇。失衡的情緒所帶來的影響，很多時候當事者是感受不到的，例如我！

不是說「認眞的女人最美麗」嗎？我那麼認眞，所以我應該是很美的！不是說「內涵比外表重要」嗎？不管別人怎麼說，我就是不妥協。

還記得黎智英老闆找我到壹電視主持《壹天壹蘋果》，唯一的條件就是叫我減肥。

我說：「你自己都不減肥，還叫我減肥。」

黎說：「你去做運動，看起來會比較Fit。」

然後，請了香港最TOP的造型師來打造我的造型。造型師爲了要打造出令人耳目一新的我，還特地買了好幾雙高跟鞋，我敷衍了事的套了一下，就說：「統統不行，全都套不進去，腳會痛！」造型師眼見服裝被打槍，就提議換髮型，我想都沒想的就回他：「不要剪別的，這樣我最舒服！」造型師徹底崩潰，黎老闆也放棄改造我。

我以爲我很了解自己，但其實並沒有，我只是放任了焦躁的情緒在當時自認可控制的工作環境下，無邊無際的撒野。不但毫無察覺自己給他人帶來的困擾，還很理直氣壯的再三強調我不是靠外表。

我爲自己「自在感」而戰的高峰時期，是在主持《非關命運》的時候。換句話說，我最離奇、最醜、最荒謬的造型，都獻給了那個節目。

當我開始接受改變時，我終於明白當時友人們要我「善待自己」的那種感覺，那不是花大錢吃喝玩樂，而是認眞面對內心的情緒，讓所有的情緒都得到出口，那就是善待自己的最高原則。

你也是「百搭、耐髒、多功能」俱樂部會員嗎？

多數人年輕時穿衣服圖方便，抓了什麼穿什麼，最好一件上衣能搭長褲、又搭短褲，要搭長裙子也順眼、短裙也迷人。最好可以看不出髒，這樣多穿幾次再洗也不會被發現。如果它能單穿、又能變成外套、最好材質軟到揉一揉還可以充當圍巾那更炫。

邁入中年走入婚姻、有了孩子後，誰還有心思管這件上衣到底搭不搭這件褲子，外套跟包包的風格一不一樣，只求衣服蔽體就好，淺色的衣物越來越少，因爲要帶孩子、打掃，忙進忙出的，耐穿耐髒成了吸引購買的準則。最好還能符合多種場合，既能穿出休閒風帶孩子去公園，又能穿出專業感跟客戶開會，還能夠典雅的出席婚喪喜慶，又能在朋友聚會時顯得閃亮耀眼，那更好。

年紀再長一些，對衣服的要求，大概就只剩保暖跟洗了不變形，頂多再想想它能不能傳承給女兒、孫女穿。

聽起來可能有些誇張，但相信大家都曾經被「百搭、耐髒、多功能」的字眼給迷惑過。衣櫃裡塞滿了一堆自以爲百搭的衣服，但認眞要搭時卻搭不出個所以然。

以前的我也犯過這樣的錯誤，所以當朋友告訴我，如果再不戒掉這圖方便的心態的話，我是無法學會添購適合衣服的能力。被這麼一嚇，我便開始學習遠離「百搭、耐髒、多功能」俱樂部。

穿衣猶如美食一樣，當季的最對味！

很多人會誤以為「神搭配，一件針織衫給你八種顏色瞧瞧」那件黃色針織衫是百搭風格，其實它只是很容易搭色，無法搭其他的褲型或風格。我問V小姐，那件針織衫應該配什麼樣的外套。

V小姐冷冷的回我：「你的腦袋到底怎麼了？難道看不出來那件衣服只能單穿，不適合搭外套嗎？」

我：「天氣冷時，你難道不用穿外套嗎？」

被我這麼一問，V小姐簡直快氣暈。

V小姐：「你看，這件針織衫的袖口和下擺，是不是寬寬鬆鬆的？」

我點頭稱是。她又說：「寬鬆的袖口跟下擺，擠進外套是怎樣的感覺？袖圍那麼寬，塞進任何一件外套，只有擠成一團的下場！」

我恍然大悟：「原來是腋下和腰間會整個鼓起來，穿起來就不好看了。」

我還是忍不住問：「如果冷的時候該怎麼辦？」

V小姐用「你這個死腦筋」的表情反問我：「你的衣櫥裡只有一件針織衫？難道你的衣服都沒有春夏秋冬之分嗎？有些衣服只能在特定的天氣、溫度下穿，像這件衣服只適合秋天，因為衣服本身帶有不應該被包裹住的剪裁。所以，在只能單穿的情況下，它只適合金風颯爽的秋季！」

光是一件針織衫，就讓我恍然大悟了兩次！我只能說關於「穿對」這件事，我的學習空間還很大呢！

優勢比舒適重要

你知道自己的身材優勢為何？是臀型好看、腿修長、還是腰間性感，香肩誘人？千萬別說自己一無是處，因為每個人至少都有一項優勢。

如果你不是很確定的話，請問問看周遭的友人或另一半。女生常常不知道自己的優點在哪，卻下意識的覺得「這個不能穿、那個不能穿」排斥去嘗試。這是初學者必須跨過的第一步，嘗試能凸顯自己優點的穿著，而不是緊守心中舒適的打扮。

對於自我和美麗的要求，男女大不同！

當你照鏡子的時候，會先看到什麼？女人照鏡子，一定都先看到缺點：「哇！我的這裡肥的！這裡醜的！」但男人就完全不一樣囉！不管是什麼樣的男人照鏡子，總會說：「拎杯五十歲，這樣看起來還是不錯！」「嗯，我這件襯衫這樣穿起來還是很好看！」男人只是穿得乾淨，就覺得自己很帥了，但女人卻得多花些心力，才能穿出韻味、過自己心裡那一關。

很多女人在結婚三、五年後開始退化，變得不修邊幅，不打扮自己，明明知道男人是視覺的動物，卻又有「都已經結婚了，幹嘛還要花時間打扮」的矛盾心態；反觀很多中年男子，在事業有成的同時，也不疏於保持自己的魅力，他不一定有多麼了不起的服裝品味，但一定會讓旁人感受到自己的優點。

如果你正在一段關係中，請關心一下對方的感受，或許他嘴上會說不管你變老、變醜，他都還是會愛你，但同時他卻不能保證可能會被其他美麗的事物給吸引。當你變得不修邊幅，卻成天抱怨另一半失去熱情時，究竟是誰在爲難誰呢？

長期以來，我一直沒去檢視過自己外在的優勢在哪裡，我只知道我的頭很大、個子不高、沒有屁股。優點？有啊，我應該稱得上有智慧的女人吧（這一點已被我某位嘴巴很毒的友人給否決了）。

聽完我的回答，V小姐露出了「不想理你」的表情。以前就算穿得像布袋一樣的寬鬆，都還是會得到讚美。所以，我從不覺得七分褲加厚底拖鞋，或把窗簾外套穿上身哪裡不ok。

但是，當Christine把我過往的照片攤在桌面時，我崩潰了！看著照片裡髮型，搭著難以形容的服裝造型時，我開始尖叫，除了想把那些照片給銷毀，更想打她，怎麼可以留下這麼恐怖的東西！我生氣的問當時爲什麼沒有人阻止我那樣穿？她回我：「你的失憶令人佩服，別忘了是你逼我們放棄讓你變美的！」沒錯，是我要求她給我自在，但我沒想過我自在感的標準，竟醜到令人慘不忍睹。

剪裁比減肥重要

一直以來，我對外表總是沒自信。所以「重生」後第一次被讚美，我還覺得「幹嘛要同情我？」剛開始面對別人的稱讚，我甚至分不清楚，那是「禮貌性」讚美，還是眞心話？

還記得我和納豆的《私房話老實說》剛開播時，瘦下來的我，正拋棄過往的寬鬆上衣、七分長褲，嘗試穿上了細高跟鞋、短裙，摘掉用來遮胖的眼鏡。讓一起主持的納豆驚呼：「美人姊年輕了十歲，整個人煥然一新！」當記者朋友們也稱讚我變好看時，我才開始習慣看自己身上的優點。

V小姐在《私房話老實說》幫我建立起的個人風格，讓我收到好多正面的回應。但是老實說，當時對穿搭像一張白紙的我，並不知道自己的優點在哪，卻很固執的認爲身上的致命缺點該全部藏起來。例如，我肉肉的手臂，總覺得像「火腿」。但V小姐卻說：「露出臂膀讓你很SEXY，但你卻始終覺得彆扭，不願睜開眼看看，對嗎？想想你以前認爲的舒適是什麼鬼樣子！」我有副乳、手臂又肉，穿上無袖衣服時，根本不敢把手臂伸直，所以我堅持不試！

有次跟V小姐一起去逛街時，我們逛進了一家韓貨小店，她眼光一掃，看到了件無袖版型的衣服，她就趁著我試穿其他衣服時，把那件無袖的偷偷塞進來給我。

當我在更衣室裡看到無袖洋裝時，立刻對著外頭狂吼，但V小姐氣定神閒的說：「既然都要試穿了，就一起穿穿看吧！穿一下又不會怎樣?!」我只好百般不願的套上了。

當我穿著那件衣服走出更衣室時，眞是驚呆了！無袖洋裝其實也沒有這麼可怕，也沒讓我的手臂顯得胖！左看右看，似乎還滿順眼好看的！

再仔細看一下，我覺得自己越看越美。V小姐似乎感覺到我跨越了心理障礙，故意說：「要你穿無袖的那麼痛苦，那別買了吧！讓給我買，我要！」聽她這麼一說，我怎樣都不肯讓，還嚷嚷說是我先穿的，所以是我的！

Tips

無袖洋裝學問多，選對剪裁很重要

你知道嗎？把肩膀整個露出來，其實能讓手臂整體顯瘦。無袖洋裝的優點是，你的手臂會整個被拉長，讓手臂不如想像中粗壯。對於手臂粗的人來說，一般的短袖的袖口通常會落在手臂最粗的地方，讓整個上半身看起來粗壯！所以，我們甚至可以說，無袖比短袖更能遮壯。

另外，想要穿出手臂纖瘦感，有著大領口的洋裝，顯然比小領口更為有效果。像右頁我身上這件無袖連衣裙領子，由於V字型領口的剪裁，分散了上身壯實的感覺，甚至穿出了纖瘦感。下次，你知道無袖洋裝該如何選擇了嗎？

你最想遮的地方，也許藏著沒被發現的美

成功克服障礙後，我開始穿露臂膀的衣服。沒想到居然得到了許多讚美，甚至有人以「好吃」來稱讚我的手臂！或許我的臂膀還是火腿，但應該是可口的火腿。

其實我第一次正式把無袖洋裝穿上街是在馬來西亞，那時候我還不敢在台灣穿。結果我去吃肉骨茶，就自拍了一段影片，回來後放給我的男性友人看，看完後他要求我再重播一次，我還回他說：「就說這肉骨茶很好吃吧？」結果他竟然回我：「不是，是你的手臂好看，看起來很好吃！」

那時我才知道，原來這就是男人看女人的眼光。

而身為女性，我們大部分都是「女為己悅者容」的支持者，先問是不是自己看得高興？如能進一步願意聆聽他人的建議，「高興」是因為願意進步帶來的「喜悅」，是不是更有機會從外在活出內在的價值呢？所以建立自己風格的第一步，就是找出自己的優點。學會打破迷思，大方展露優點，不執著於缺點，那才是王道！

是遮掩還是遮眼？

講到這讓我想到，女性除了常看不到自己的優點外，我們還會不自覺地無限放大自己的缺點。

以長版上衣與豹紋爲例，非常多女性對自己的大腿、臀部不滿意，甚至她們會覺得那是全身上下讓她最沒自信的地方，於是「遮掩」就成了她們用來修飾身材的不二法門。

請想像一下自己穿了黑色的褲子，然後搭件淺色系的長版上衣的樣子，衣擺的高度剛剛好蓋過你不滿意的臀圍，落在你大腿根部。照了照鏡子，你覺得該遮的都遮了，於是你滿意地出門了。

但你有沒有想過，走在你後方的路人看到的是什麼樣的畫面？他可能本來根本沒注意到你不自信的區塊，但因爲你用衣擺幫他畫好了線，他的目光很自然地就會順著那條線看過去。這就像在課本上畫重點線一樣，很難不去注意到！你的衣襬彷彿在提醒對方說「這裡是我胖屁股、粗大腿喔」。這個遮掩法，究竟是遮了誰的眼？

我們深信不疑的遮掩，遮住的只有自己的眼。就像關係出了問題時，自以爲掩蓋得很好，其實身邊的人早已看得一清二楚。當別人於心不忍，給了善意的提醒時，我們還以爲只有自己才了解自己，所以堅持用錯誤的方法繼續「遮掩」下去。那就是要人命的慣性！慣性讓人深陷沼澤中，即使下一刻就要被吞噬，仍選擇遮自己的眼。因爲自由雖美好，我們更怕的是改變。

別把「豹紋衣」當時尚捷徑

跟長版上衣的原理有雷同之處就是豹紋衣。很多熟齡婦女知道婚姻中的自己已失去年輕時的丰采，但面對事實，還有掙扎，卻又不願意從頭重整自己，老愛挑自以爲最省時省力的捷徑，找個跟時尙搭得上邊的元素就往身上套。

不知爲何，台灣特別多婦女認爲「豹紋」就等於流行或性感，久而久之，從傳統市場到百貨公司，都可以看到豹紋滿街跑的景象。其實，豹紋不是人人可駕馭的圖樣。因爲豹紋容易擴張身形。它在玲瓏有緻的年輕女孩身上可能會呈現性感、神秘，但在身形已不見往日蹤影的人身上，就像在提醒別人自己的虎背熊腰。提醒！三十歲以上的女性請慎用，一不小心立刻就會老五歲。

別以爲用流行元素可以轉移別人看見眞相的目光，那只是我們將他人的美好誤植在自己身上的眩光。

最近跟許多已婚的朋友聊到以前各自的服裝品味、穿著打扮，跟添購衣服的話題時，我發現爲什麼一樣是中年女性、已婚婦女，打扮很容易只剩「阿桑」或「媽媽味」，但歐美的都會婦女就較少出現這種現象。

不知道這跟自我認知與肯定有沒有關係，對歐美國家的人來說，爲人妻、爲人母、爲人兒女、爲企業的一份子，跟保有完整自我空間是不衝突的事，她們不會輕易地成為誰的附屬品。

像這件豹紋由於是暗色豹紋，就不那麼顯俗，再加上有舞台效果，我在拍攝宣傳照時才敢穿上。

婚姻，讓人失去自我意識

但我們就不太一樣，一旦走入婚姻，我們會覺得，人妻穿著應該要樸素，樸素過了頭就成了邋遢，容易被打折矇騙，但在打折時常買到一堆不適合自己風格的衣服。省到衣櫃裡只有一套勉強稱得有質感的套裝，還只捨得在重要場合時才亮相。

我們擔心已婚後打扮得得體、好看、亮眼、性感，會被說是不守婦道。我們怕穿好一點的衣服會被孩子弄髒，如果是得送洗的材質，那就顯得不夠勤儉持家。我們顧慮穿得太有型去公司，會成爲被品頭論足的對象，爲了保有和諧的氛圍，就只好盡量不打扮。我們都活在「別人」的影子裡，不被看見，也看不見自己。

接著，我又發現了另一件事，我們在羨慕別人的同時，不但自信心不足，還同時否定了別人的努力。舉個例子，當我們看到一位好久不見的朋友，發現她瘦了些、打扮也變得跟以前不一樣了、換了份還不錯的工作、生活過得很自在。我們會投以羨慕的眼光，不斷地稱讚她，然後問她變瘦、變美的秘訣是什麼。在她分享完並鼓勵說你也可以做到時，你是不是還是會不由自主地出現以下的念頭：

1她可以打扮得好看，是因爲她變瘦了

2她可以打扮得好看，是因爲她捨得花錢買新衣

3她變美了，是因爲她換了份令她開心的工作

4她變美了，是因爲新的生活方式讓她變得有自信

然後大家就依偎著彼此取暖說：

「家裡一堆事，哪有心思去做這些有的沒的」「要繳孩子的學費、房屋貸款、日常開銷，哪還有錢去買漂亮的衣服」「人家變得這麼美，是因爲她有個疼愛她的另一半」。

我們爲自己的懶惰、固執、拒絕嘗試找出好多好合理的藉口。

你看起來美，你的婚姻會更美

沒有人阻止你變瘦，也不是所有好看的衣服都昂貴、不是賺得多就一定穿

得好看。寧可一直活在羨慕別人的改變，也不願意轉換心境、嘗試改變自己的人，看在旁人眼裡是一種「自我放棄」。

女人眞的要學會疼愛自己，而不是羨慕別人的自愛能力。因爲在你羨慕的同時，她已蛻變成更好的她、而你卻仍是原來的你。

婚姻是件美好的事，我們卻不懂得用對的方式讓生活更有味道，反而責怪是它讓我們失去了原有的美貌、感官、品味與熱情。婚姻何其無辜！

但不可否認的是，當女人被困在一段不好的關係裡時，是很容易枯萎、走鐘的。如果你不是因爲「不好的關係」而枯萎的，那你實在沒有理由要對方容忍你的走鐘，就算他沒有keep住他婚前的樣子，你也應該努力讓自己保持在結婚初期的樣子，這樣才對得起自己，也能激勵到對方。

「關係」是很微妙的，一方好、一方不好，那向外發展曖昧的機率激增。兩方都不好，要不離婚收場、要不互相擺爛一輩子。兩方都好，那關係自然和諧到老。如果你是受「不好的關係」所困，那請你爲自己勇敢一次，一定相信自己可以變得更美好。

你在穿著上放棄自己了嗎？

要跨過心理障礙，除了自己需要有改變的決心之外，還需要有幾個會說眞話的好朋友，而我很幸運，擁有這樣的造型師好友，就像V小姐視穿搭爲一種生活樂趣，我們對於穿著有著截然不同的想法，碰在一起自然激起了很多討論的「火花」。

在越來越熟之後，V小姐才告訴我，她從很久以前就聽說過我的名字，但每當有朋友跟她說，于美人是一個「STAR」，是個每天都會在電視上露臉的主持人時，她心中充滿懷疑。原因無他，因爲我的穿著一點都沒有明星風采，外表也跟她認知中的女藝人相差甚遠！

不久她再見到我後，我已恢復單身，但穿衣風格如舊。V小姐始終覺得，我是一個在穿著上完全放棄自己的人，從生活上和衣著上，她看不出來我有想要改變的企圖心，那時她是這麼形容我的：「生活所帶來的巨變，徹底讓你的自信崩垮了！」

她告訴我：「要先建立外在的自信，內在才能昇華！」在達成共識之下，我接受了她的專業建議，但我還是有我的堅持：只要寬鬆、好穿、舒服，只求比之前再好看一點。當下的我仍堅信過去的打扮是ok的，所以只求再好看點即可。

V小姐想了想，覺得應該先確立的是我自己的「個人風格」，再來談實際的改造。這下眞的難倒我了，我不知道我的個人風格是什麼？我從外界的眼光來看自己，我想應該算是個理性與感性兼具的人，但我的風格是什麼？我的穿衣風格又是什麼？

我很不想承認，在熟齡之年將至的我，居然找不到自己的穿著風格，說嚴重一點，我找不到自我。那份自我，不是來自於另一半的肯定，不是觀衆對我的肯定，而是自己對自己的肯定。

工作夥伴老實說

終於告別舒適的大嬸

Christine

多年以來，她一直都用她獨特的品味來毒瞎我們的眼，尤其是合作《非關命運》的那段日子，實在讓人不堪回首。

我記得十幾年前第一次進棚看到的她，是穿著件不知是淡天藍還是洗到褪色的無腰身上衣，下半身是件微寬的七分褲，外加一雙厚底拖鞋。從那一刻開始，年復一年，她的造型都沒有變過。永遠就是厚底拖鞋、厚底拖鞋、厚底拖鞋，還是厚底拖鞋，七分褲、九分褲、七分褲，就是沒有正常長度的褲！不管今天主持的是什麼樣形態的節目，她的造型千篇一律都是一樣的。每次開新節目時，在定裝跟整體造型上免不了一番極度耗精氣神的拉扯，但結論幾乎都是一樣的，就是「以她舒服爲最高原則」。服裝師、化妝師、製作人，沒人能說得動她做一丁點的改變，只能疑惑怎麼有藝人可以對自己的外表毫不在意到冥頑不靈的境界，無解至極。

每當我們想在她服裝上做點改變時，她總有千百種理由拒絕。

要求穿合身一點，她說：「出外景穿寬鬆一點比較方便，或棚內需要示範（烹飪或示範運動）衣服要越舒適越好。」

要求穿襯衫時，她回：「我是個沒脖子的人，襯衫的領子一直卡在我脖子那，我會很不舒服。」

要求不要穿七分、九分褲，她說：「穿長褲做下去會很繃，七分、九分褲比較能伸縮，這樣長坐時比較舒服。」

要求穿高跟鞋時，她回：「我腳比較寬，高跟鞋頭太緊，我腳會不舒服。」

怎樣她都能想得出「要舒服」的理由，眞的想不出來時，她會丟一句：「服裝師借什麼來，我就穿什麼啊。」殊不知她私底下跟服裝助理說：「借我穿得舒服的來就好，不然我會整集主持的很卡。」她都已經講到這地步了，有哪個助理敢違背她的指令呢？

跟她合作的那段期間，我習慣在她還沒抵達攝影棚前，先進服裝間看一下當天會上場的衣服，十次有九次是會讓人嘆氣到快往生的境界。衣桿上盡是七分褲、九分褲、寬版褲，像窗簾的外套、像地毯的外套、像腳踏墊的外套、像桌布的外套。此時身旁就會飄來一個惶恐又不知所措的聲音，告訴我說：「這……這些都是美人姊喜歡的、舒服的款式。」轉身看一臉無辜的服裝助理，要罵也實在罵不下去，只好等主持人到了再溝通。

我們幾乎每週錄影都在跟她溝通整體造型的問題，身爲她的節目製作人，我對於她想在節目中如何脫稿演出、即興發揮，我沒意見也很放心。但對於她呈現出來的畫面，我永遠無法滿意！從一開始好聲好氣地勸說，期間軟硬兼施的溝通，到後期的爭執不斷、雙方炮火連天，她一步都不肯讓。她認爲她不是靠外表，所以她覺得妝髮、造型都是浪費時間、不必要的過程。

我永遠不會忘記她在棚內跟我撂狠話的那一次。開錄前，照慣例的我會跟她做最final的重點提醒，同時確定一下她的妝容及服裝配件。那天在final check的時候，我低聲mur mur說：「你真的應該嘗試俐落一點的造型，這樣下去不行」。她不耐煩地翻著手卡，斜眼看了我一下，口氣極差的回我：「你硬要我穿那些，我主持起來就會卡卡的、不舒服，主持得不順。那錄不好收視率你自己扛，不然怎麼辦？！」

聽到這樣的話，應該沒有人不火冒三丈的，但我當下心灰意冷的感覺大過於憤怒。我冷冷的說：「隨便你，你愛醜死也是你的事，以後會被google到醜照的是你，不是我，你高興就好！」語畢我頭也不回的往攝影機方向走去。

那整場錄影我不發一語。我陷入沉思，思考著眼前這個人到底是不尊重他人、還是不愛惜自己？這種只要我喜歡就是要這樣、只要我舒服其他我不管的態度，讓跟她一起工作的人非常的辛苦。她似乎不把大家的好意、用心、努力當一回事，著實傷人。

到了合作後期，我漸漸理解她不在乎、不願意改變、聽不進建議的癥結點都是一種內心情緒的反射。回顧最早時期的她，雖然服裝品味不佳，但也尚未到慘不人睹的程度。雖然不聽勸，但也不會隨意嗆人。越到後期她越像孩子到了青春叛逆期那般，爲了反對而反對，言語間盡是「我都已經做到這樣了，你還想要我怎樣」的那種意味。

當我意識到那似乎是一種被壓抑過久，而引發的潛意識反彈時，我便不再糾結於她的整體造型是否符合大衆期待，因爲下了螢光幕的她才正是爲符合社會期待而咬牙努力著。那無可宣洩的情緒自然被轉移到工作上，因此引來了更多負面評價也不令人意外。

美人憤怒、委屈的情緒需要出口，本能溫暖、關愛的情感也需要出口。那年的冬天，她常會問我們想吃什麼，下次錄影時她做來給我們吃。她沒有食言過，只要我們點菜，她隔週就一定會帶來。雖然她嘴上哇啦哇啦的叫說，她犧牲了睡眠、燉了好久的燉鮑魚雞湯，跑了好多個地方、採買新鮮日式料理食材，甚至爲了讓我們吃得更有fu，她扛著多種的器皿來現場。

這些聽起來像抱怨、邀功的內容，其實都被她的眼神出賣了！當她一碗、一碗的幫大家盛著雞湯，看到大家喝得很開心時，她會坐在主持椅那偷偷地感受被珍惜的片刻。當我們嚷嚷「這也太好喝了吧」，你會發現她的眼神瞬間變柔和、並展露出溫暖的笑容，彷彿情緒得到了安撫。暖心的雞湯搭配心疼的味道一起喝下肚，那時的我們誰不是看在眼裡，不捨在心裡呢。

一顆殺傷力十足的原子彈震垮了她的世界，殘破的屋瓦碎石不斷砸落，眼前漫天塵土不見去路。滿身傷口、灰頭土臉的她卻因禍得福，變得耳聰目明。淚水如雨水般帶走了沙塵、洗淨了情緒。陽光下的傷口清晰無比，但她開始懂得照顧自己，因爲她知道唯有面對最眞實的自己，才能成就更好的自己。

于美人是凡人，她並沒有一夕變有品味的特異功能，也沒有秒間開竅的本領。即便她現在比較懂得穿搭了，但偶爾還是會配出讓人看了滿頭問號的造型。換個角度想，肯如此認眞學習改變的學生，應該能有學成的一天吧！

接觸流行資訊，幫助建立風格

於是，我開始把握每次出國的機會，觀察不同國家女生的穿著打扮。我發現香港女生的打扮都很有型、比較具有一致性。多數的上班族女生，都會跟著品牌風格走，就是比照櫥窗內**model**的搭配法穿在自己的身上。而新加坡女生受氣候的限制，她們的打扮時常很夏天，T-shirt、短褲、夾腳拖。上班族，則是很中規中矩的OL風。

再回頭看台灣女生。台灣女孩們對流行的接受度很高，一趟東區街頭，大概可看到全世界的流行元素。歐美風、日韓風，各式各樣的風格都有。我覺得，台灣女生是「什麼風格都想嘗試」的族群，好像深怕少穿一種風格，就會吃虧一樣。

很多人會認爲，一旦底定了自我風格，往後就只能有一種穿搭方式，但其實不然。把風格比喻爲食物，義大利麵，全世界的義大利麵有上百種的變化，

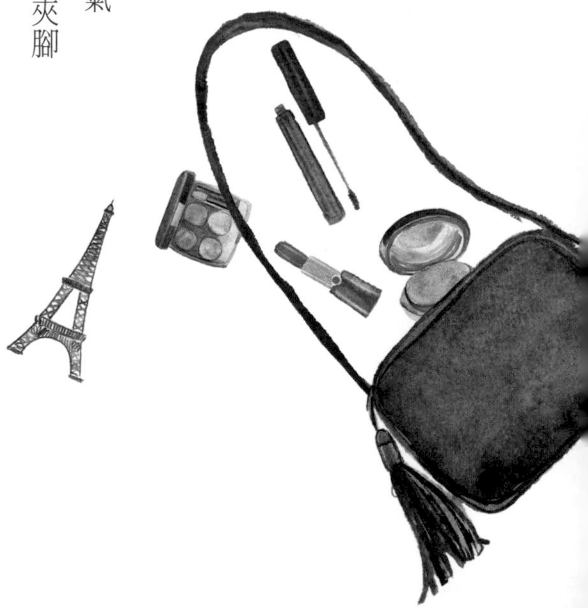

以義大利麵爲主體，你可以賣番茄義大利麵、明太子義大利麵，就是不要又賣義大利麵、又賣日式料理、還賣生鮮魚貨。這樣，你的餐廳就會四不像。再舉阿忠麵線爲例，只賣麵線就能熱銷數十年，反觀很多複合式咖啡廳什麼都賣，餐點卻不一定好吃。

重點是，明確風格後，如何用配件去搭配出不同味道、呈現感覺，才是我們要努力的方向。千萬別以爲這本書裡出現的服飾都很昂貴，約有一半的衣服都是平價服飾、千元有找的，當你懂得自己的需求時，你的穿搭雷達自然會幫你在各種場合搜尋出適合你的衣服。

建立自信，從外在開始的最快！因為連路人都可以幫你一把

重新建立自信，我覺得從外表開始更快。因爲，你只要穿對衣服，路人投過來的一個眼光、一句讚美，都會讓你感覺不一樣。如果能找個殺手級的朋友，讓他用專業幫你「丟掉過去」，就更完美了！

漸漸的，你也會像那些巴黎女人一樣，變成街道上的美麗風景。

培養女人味，變身好命女

史考蕾喬韓森Scarlett Johansson說：「我覺得展現女性身體線條是一件很棒而且開心的事！」在衣著上，她的原則是大方展現出你滿意的地方、而不是只顧著把不滿意的部位隱藏起來，如此一來才不會讓你迷失在不適合的寬鬆衣服裡！「我認爲女生們穿合身的服飾，或是簡單俐落、但能強調身型重點的衣服，絕對會比過度打扮來得更理想！」

想要徹底的upgrade自己，就得檢視自己缺少什麼。我必須說，改變這條路可眞不好走，一路上都得逼著自己不斷的要檢視過去，還要面對內心的不安、對抗頑固的慣性。原本以爲找到了臂膀的優勢，確定了我適合上衣搭窄管褲及洋裝的風格，改變就算告一段落。

我的朋友提醒我，我最欠缺的就是「女人味」，外界對於于美人的認知就是「女強人」，而螢光幕下的我，在個性上確實缺少了點女人味。可是我不會撒嬌，那還有得救嗎？V小姐沒好氣的回我：「誰告訴你撒嬌就是女人味？」

我很認眞地思考自己對女人味的認知：有女人味的女生，穿衣服的風格都很飄逸、柔美，身上配戴的飾品很容易吸引他人的目光，還有……她們都留長髮?!自己講完，自己忍俊不住的噗笑出來。

我身上看不到「柔和」的元素，不只是外觀，而是個性。之前的我ㄍㄧㄥ太久了，要賺錢養家、要經營公司、要符合外界對我的期待、要讓自己硬撐不能倒下。所有的事都一肩扛，扛久了就忘了、也磨掉了女人與生俱來的那份柔和感。

我的服裝配件上還得加強女人味，舉凡配件，鞋子、圍巾、飾品，就連拖鞋都不能放過！風格可以各異，但一定要抓住女人味的主軸才行。

我得少碰感覺線條很硬的衣服，尤其是上半身。但襯衫怎麼辦？V小姐說襯衫的重點在於線條，即使襯衫的材質較硬挺，只要能符合腰身，將我上半身修飾出曲線來，勾出柔和感，那就是屬於我自己的女人味！

結論是，女人味在不同人的身上，就有不同的詮釋。不是穿褲裝的女生就一定很man；同理，不是穿紗裙就帶得出女人味。

女人味元素：成套內衣

我的朋友是時尚雜誌工作者，個頭小小的，沒啥腰身也不怎麼瘦，整個人感覺方方的，我都笑稱她像方塊酥。但她在人群中顯得特別有女人味，也總是最搶眼的那一個。有天在姊妹們聚會中，我們就問她到底要怎麼穿，才會有女人味？她丰姿綽約的回：「當內衣都開始成套穿的時候，就是往女人味邁進的第一步！」

打開這位時尚編輯的內衣櫃，各式各樣的內衣款式應有盡有，從法國蕾絲、雪紡豹紋到卡通圖案，她開玩笑的說：「因爲我不知道打開『禮物』的人，喜歡哪一種類型。」

她覺得穿了成套的內衣，一種身爲「女人」的心情就會打從心底散發出來，這種淺移默化地自我暗示與提醒，能讓我們由內而外的柔軟起來。

我聽完的第一個疑惑就是「那我到底要買多少成套的內衣褲，才夠替換啊？」一聽就知道我沒買過成套內衣，結論是只要內褲的風格與色系跟內衣雷同，數量大概3：1的比例，那也算是成套的一種概念（切記風格要雷同喔，千萬別上面是走性感蕾絲風，然後下半身搭的是阿嬤款大內褲，那眞的會讓人很傻眼）。

接下來，她說女人味的第二步，就是要能穿上「丁字褲」！因爲丁字褲是一種「自我摩擦」，走在路上就會非常妖嬌，時時流露一種「自我取悅」的感受。她說：「丁字褲穿到最後的最高境界，就是行走坐臥，隨時都像在取悅自己！」這一點我眞的做不到！所以，我繼續追問她那第三步呢？她大笑：「你第二步就卡住了，哪有後面?!」。

第二步還做不到，我先把第一步做實在總行了吧？爲了由內而外補強我那離家出走的女人味，從那天起，我每天都穿成套內衣！

這讓我想到在我爆瘦之後，但還未跟時尚雜誌工作者討教女人味話題前，曾發生過一個小故事。因爲爆瘦，我的內衣褲不得不整批重買。到了百貨公司內衣專櫃前，我直接跳過成套、成套的展示區，打算直接請店員幫我拿幾件最舒服的內衣，以及幾件白的、幾件黑的內褲。

與我同行的友人看我直直的往櫃台走，急問：「你要去哪裡？這些你看都沒看耶！」我給了她個「有必要嗎」的眼神。我看見隔壁櫃上有兩位女生把內衣擺滿了整櫃台，不停的搭配來、搭配去。

友人藉機回馬槍：「看到沒？」

我不妥協的說：「一定是有對象，才會這樣買內衣吧！」

我充滿自信的告訴她：「Hey, come on, I don't need to seduce anyone.」（拜託，我不需要誘惑任何人）

她冷冷的射了我一箭：「You mean you have no one to seduce.」（你是說，你沒有半個可以誘惑的對象吧）

不甘被吐槽，我走向前問她們：

「你們都這樣挑選內衣的嗎？你們的另一半一定覺得很幸福、開心吧？」

其中一個女孩回我：「沒有！我離婚兩年了！內衣是我為我自己穿的！」

這句話讓我捨不得離開專櫃，我想多看看這些女孩臉上懂得照顧、疼愛自己的表情。我第一次發現，買一件漂亮的內衣不是爲了誰，而是單純讓自己開心，這種愛自己的心情，是多麼美好的事情。

那天回家，我手上第一次提著爲疼愛自己穿的內衣！

購買衣服鐵桿原則

既然買衣服不能再以百搭、耐穿、多功能爲依據，那就得學會新的添購衣服的鐵桿原則。我學會的原則是：

一、色系、風格和剪裁

二、搭出三種穿法

眼前這件衣服，是否能跟衣櫥內已有的衣服搭配出三種穿法。

一、色系、風格和剪裁

色系跟風格都需要花時間摸索，當你還不確定時，就只能土法煉鋼：每一件都試穿。越試，你越有機會了解，自己的體型在不同剪裁下會呈現什麼樣的效果。

另外，多試幾個品牌是必要的，以襯衫爲例，歐美、日韓、國內品牌的剪裁多少會有些不同。肩寬、腰線、腰長、衣長這些小細節是衣服穿起來是否好看的關鍵，多一寸、少一寸，穿起完全不一樣。不試穿的話，感覺不出來。

不是所有身材纖瘦的人穿衣服都好看，也不是圓潤的女孩就穿不出性感。重點是找到適合自己的剪裁，那就會怎麼穿、怎麼順眼了。

要買到剛剛好符合自己腰身、身形的襯衫多少得碰運氣，像我衣櫃裡那麼多件黑襯衫，也只有G2000的剪裁最符合我身形。如果碰上不是百分之百合腰身、但卻很有設計感的襯衫，讓你覺得不買會後悔的，那買回來後一定要送去裁縫師那裡修一下，千萬別將就穿，因爲這樣你不但沒穿出型來，也破壞了那件衣服原有的設計、美感。

例如在眾多品牌中，我最愛美國Rauph Lauren的正色系襯衫，偏偏他家的版型是以歐美身形爲準，所以不管我胖一點、瘦一點，穿起來背後都會凸一塊。但爲了不放棄那些很搶眼的「正色」襯衫，我養成了每次買完，就馬上送去修改的習慣，才能穿出它的味道！

講到多試穿這件事，我不得不分享一下我少有的獨自添購新衣成功經驗。某次我因衣櫃現有的白襯衫搭不出我當下需要的感覺，只好去逛街碰碰運氣。我穿梭於各家品牌服飾間，不斷的試穿，終於在NET找到一件版型適合的七分袖白襯衫。

這件襯衫讓我最得意的是，讓我得到V小姐的讚賞，實在太光榮了！她說這件襯衫的腰身有剪裁，修飾身形，還讓我整個人顯得俐落、有型。

之前的我很習慣衣服買來就穿，太大或穿得不順也懶得拿去修，所有的衣服都顯得很沒有型，怎麼穿都穿不出精神、氣勢或品味。某次跟朋友外出，走著走著她突然從側面拉了拉我那有點不順的襯衫腰線，然後問我不覺得那腰線應該修一下才符合身形嗎？我說我不知道要去哪裡修，她很驚訝，身爲藝人的我居然沒有長期合作的裁縫師傅。

白襯衫的變化穿法

一棵山茶花小配件，瞬間改變身材比例

有些白色襯衫的長度原本過長，會讓人看起來「身材比例五比五」，塞進去拉不出來都不好。這個山茶花樣式的別針，將上衣往上別，破除原來的比例，讓衣服變短，腿也變長了。原本 NG 的衣服，又給人全新的感受。

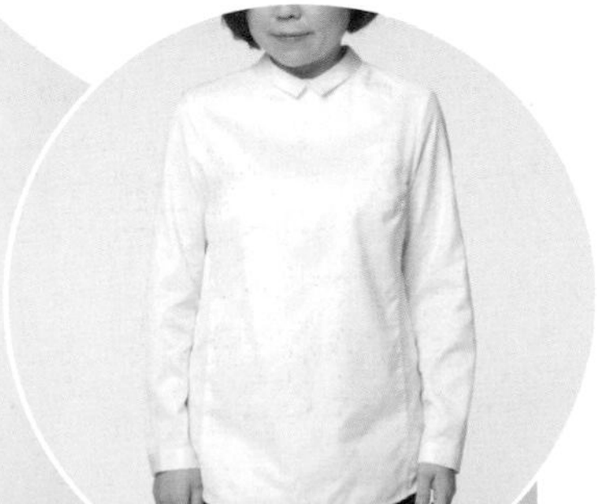

你一定要有必備單品：
黑白襯衫

我建議有兩種顏色的襯衫一定要買，因為太好搭了！一是白襯衫，二是黑襯衫。千萬不要以為穿白襯衫會讓你臉看起來很大、很肉，因為放眼望去，臉比我大的也沒幾個。我都能穿了，你怕什麼？

白襯衫其實細分相當多種，粉白、淺白、深白，各種白，它們各有不同的穿搭法。基礎穿搭可以從白襯衫和牛仔褲開始搭配練功。以前我跟多數的女生想法一樣，白色顯胖，所以碰都不敢碰，那時有五件白襯衫已經是極限了。但現在的我有一整櫃的白襯衫，因為只要搭不同的配件，就能呈現出不一樣的感覺。

黑襯衫的概念跟白襯衫相同，因為它可以做多種搭配，單穿或搭外套都很實用，搭配不同的配件也會營造出不一樣的風格。

其實黑襯衫也有各式各樣的色澤和溫度，例如墨黑、亮黑、藏青黑……當然不是要你每天都穿得烏漆麻黑，但它在緊急的時候（例如睡過頭，前一晚又沒先配好服裝的時候）好好用。我現在已經學會如何用配件搭出一週七天不重複的黑襯衫穿法！

黑色襯衫是百搭聖品
搭一件毛衣、包包
又有不同的感受。
我將毛衣袖子上的
星圖樣翻出，讓星
畫龍點睛，即便是
襯衫也能俏皮活潑。

我不以爲然的回她：「不合身形的衣服到處都是，買十件就可能有五件是不合的，能穿就好，何必那麼麻煩！」我還反問她，難不成衣服都會送修送改嗎？

她說，她不但會把衣服送修，還能分辨得出來修得好不好。哪像我懶到無可救藥，一點也不重視自己的風格。我才正準備反駁她，她居然接著說：「你這樣也對啦，徹底的在執行只靠腦袋、不靠外表的原則。有始有終，很好」。我被她說得語塞，「不過就是修改衣服嘛，幹嘛人身攻擊。」但事後回想，這對談彷彿映射出我以前的生活態度……

你敷衍生活，生活也一樣回擊你，一點都沒有僥倖。

二、眼前這件衣服，是否能和其他衣服搭配出三種穿法

這是不囤貨、爲荷包把關的原則。大家都一定有因爲打折而趁機搶購太多的經驗。但如果新買回來的衣服無法跟已有的衣服、褲子搭配，你只能不穿、買新的再搭，再不然就是亂搭一通。不管是哪一種，你都虧到了！下手前請務

必三思，一定要能跟既有的衣服做搭配才買。對的衣服即便一星期穿三次，也好過你天天穿不對的衣服！

但有一種特殊情況，你可以允許自己先買起來放，那就是你找到了一件非常、非常適合自己剪裁的上衣，但衣櫃內可能沒有適合跟它做搭配的褲子或裙子，那你買回來後就要「等」跟「忍」！一定要等找到可以配它的褲子出現，你才能穿上它。

你把這件上衣，想像成日本鹿兒島最高級的本枯節柴魚。這樣等級的柴魚就應該要搭配相同等級的北海道利尻昆布一同熬高湯，才能達到1+1>7的美味境界。如果你沒忍住就隨意將頂級的柴魚跟普通的昆布搭配，那就太可惜了！

關於這一點，我有個慘痛的經驗。某次在衣櫃內沒有可搭出三種穿法的情況下，我買下了一件Burberry的黃色毛衣。V小姐知道後告誡我說一定要等到有可以搭配它的褲子出現時，才能穿上街。但，我左耳進、右耳出，在耐不住想穿新衣的誘惑下，我自作聰明的搭了件黑褲子跟黑外套就出門了。結果就像下一頁的兩張圖。

你們看得出來這兩件是同一件毛衣嗎？忍不住、等不了的下場就是把好好的一件品牌毛衣，穿成像阿嬤罩衫。這就是頂級柴魚搭一般昆布的下場。

同理可用在感情關係上，沒適合你的男人，你就不要硬撈，硬撈的下場就是自降身價。

工作夥伴老實說

朋友問我于美人的造型是不是我做的，我常心虛的答不出來……

造型師 Laura

記得剛開始接美人梳化時，因爲是全新的節目，製作人希望我可以改變她在螢幕上原有的形象，以符合節目中女人多變的樣子。

第一次見美人姐時，心裏想說她會不會像傳言中那般的不好相處，哇……傳言是眞的耶！還記得當時我的化妝箱都還沒有放下，她就作勢拍桌子對著我說：「你是會不會啊……」頓時心中的小宇宙爆發，只好強裝鎮定的對她說：「等我化完你才知道我會不會啊。」在我完成整個妝髮造型後，她看著鏡子中的自己，然後對我說：「ㄟ，其實你很會嘛……」

開始合作後才知道要改變她到底有多難，她不肯戴隱形眼鏡，因爲她眼球會過敏（妝髮服的整體性，有時並不適合配戴眼鏡）；她不肯貼假睫毛，原因是她的眼睛會過敏（現在卻可以天天貼）；她不肯噴髮膠，原因是她會呼吸困難會休克（花椰菜形自然捲髮質，吹整好後不用髮膠定型，碰到水氣立刻就又會毛躁）；二側頭髮不能碰到她的臉　，因爲她的臉會癢，會干擾到她要思考的事情（不用二側的頭髮遮住她二分之一的臉，是要怎麼讓臉看起來小？）

總之，她拒絕一切會讓自己變美的麻煩事，她覺得自己靠的是腦子裡面的東西，而不是外表。那時造型師在她的眼　是一個完成她需求的執行者，而不是把她變美的造型師。

美人姐對美其實也是有分階段性的，從一開始的怕麻煩不願意接受改變，到中期其實她也有了一些自己的想法，會開始想要嘗試一些不同的造型，比如捲髮或是厚瀏海妹妹頭，也會要求造型師幫她訂製一些假髮讓她在節目中可以使用，有時候她想要的一些造型我們並不覺得適合，比如厚瀏海的妹妹頭加上她不願意摘掉的眼鏡，搭配在一起眞是一場災難，但她當時聽不進去製作人及造型師的建議，執意要這樣上台，但很健忘的，在多年後看到節目回顧片段

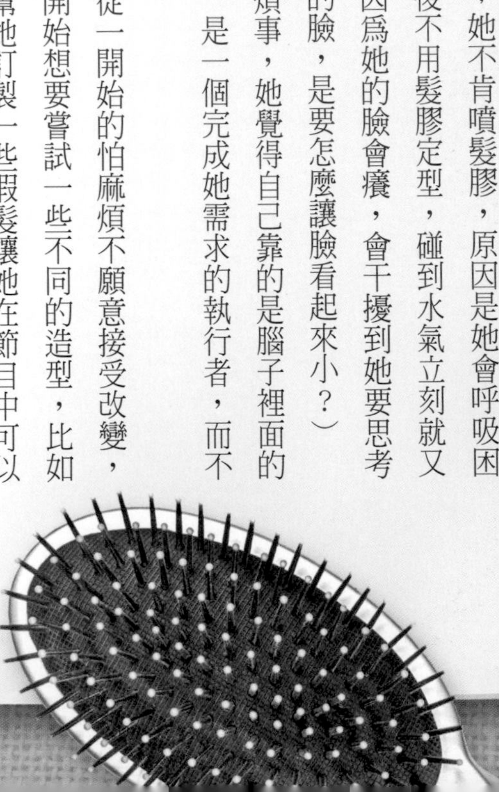

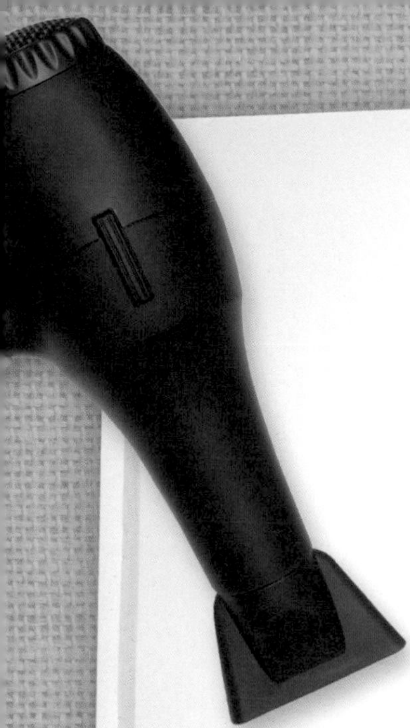

時，火大的問那個造型是誰做的，怎麼那麼醜……

那段過渡期常有一些很獨特的造型出現在節目中，有時朋友問起節目中的某個造型是不是我做的，我竟然心虛的說：我不確定，有時候會請假找代班。

美人姐其實是一個好相處的人，但卻喜歡表現出很難相處的樣子，不熟的人往往會被他表現出的機車嚇到而不敢接近，相處久了懂得她說話的邏輯後，其實她是一個很可愛的人，內心柔軟說話機車，其實也是她迷人之處。

（本文作者為合作6年的造型師）

培養判斷力的不二法門：多逛櫥窗

買衣服不是件難事，但要買到「對的衣服」就得靠個人功力。很多人覺得逛街像是挖寶，應該每一家店都逛，其實不然。因爲這樣亂逛會越逛越頭昏，越難以決定什樣的衣服適合自己。

以我買白襯衫的經驗爲例，那時我的確每一家店都逛，只要有白襯衫的我都走進去，但有好幾家店是可以直接跳過的，因爲有些走的是波希米亞風，或是略帶金屬搖滾風，還有絲柔飄逸風，統統都不適合我，逛了只是浪費時間，也難爲了認眞介紹的店員。

所以逛街的層次有分幾種，一種是還沒找到自己風格的逛法，那就是種像比賽海選的過程，都得看、都得試，才能篩選出幾家比較符合自己風格的店。另一種是已經明確自己的風格，那多逛多試對這組人來說，是在特定的幾家品牌或店裡找出當季最適合自己的衣服。最後一種的逛街是屬於達人級的逛法，目的不在於購買，而是去了解新的流行元素。從年輕人的喜好到貴婦們的喜好，這組人都會瀏覽一遍，然後輸入腦裡，以便隨時幫人搭出風格時使用。

我覺得買衣服的概念就像廚師買菜一樣，是隨意買、隨意煮呢，還是確定了自己餐廳的招牌菜色後，才上街採買？原則應該是，我的餐廳賣什麼菜就去買什麼菜！把這個道裡放到買衣服上，那就很清楚了，就是只買屬於自己風格的衣服，才能端出好吃的菜。

回到逛街這件事，不管你現在是還沒找到自我風格，或已經明確自我風格的人，都應該多逛櫥窗。因爲逛櫥窗不用花錢、沒有壓力，最重要的是可以從中鍛鍊判斷能力及吸收流行資訊。

我們可以從櫥窗的擺設看出這家店的風格，也可以從模特兒身上看出這樣的搭配給人什麼樣的感覺、適不適合自己。

如果遠遠看到一家外觀很有風格的店，但走近些發現櫥窗內模特兒的服裝搭配不是你的風格的話，那就不用進去了，因爲你除了會買不到適合自己的東西外，還有可能買錯東西浪費錢。除非你是很有自制力的人，那進去看看也無妨。

明確風格後，有很重要的兩個動作：

1 建立愛店名單

如先前提到的，不是每一家店的衣服都適合自己，當你花時間海選完後，自然會有一系列適合自己風格的店出現。但這名單還得細分百分之百的愛店：就是店內的每個品項，從衣服到褲子、外套到配件，你穿起來都很ok；還是八〇％的熱戀店：指的是這裡多數的衣服你穿起來是ok的，少部分是你無法駕馭的；或是六〇％的曖昧店：在這一類型的店裡，只有特定的款式或品項是適合你的，例如他家的褲子很能修飾你的腿型、但上衣就不符合你的腰身。有了這份名單後，往後添購新衣時，記得先去逛那些店，這樣買起衣服就變得省時、省力、又省錢。

2 跟敢講實話的店員做朋友

個人強力建議一定要跟敢對你說實話的店員做朋友，因為他的推薦攸關你衣櫃內的豐富度及荷包的薄厚度。全台灣的店員都有業績壓力，有的時候為了業績他們不得不遊說你多買兩件不是那麼適合你的衣服。

讚美人人愛聽，所以當店員不斷稱讚你穿起來好好看時，腦波弱一點、自制力不夠，又自知力不足的人就容易讓衣櫥內多一件分擔灰塵的衣服。以前的我就是屬於一稱讚就下手的人，店員們應該都很愛我，但陪我去逛街的朋友就完全覺得我弱到不行。我被朋友吐槽過是有多缺被讚美，怎麼一下就昏頭，還好意思號稱自己靠智慧吃飯的。那時我覺得被吐槽吐得很冤，我知道自己的判斷力不足，所以就聽從店員的建議，難道這樣也錯了？

朋友說判斷力是需要鍛鍊跟經驗的累積沒錯，但我瞎的程度應該做十次雷射手術也救不了的，因爲我竟然看不出身上的那件衣服根本就不適合自己。想想我眞是個不擇不扣的傻女人，只要聽到好聽的話，瞬間就全盲。

敢說眞話的店員其實不多，因爲他們才不想冒著得罪客人的風險，何況我是藝人，自然更少店員敢當面批評我的穿著，所以我得很有自知之明的懇請店員說實話，然後還得跟他們再三保證我不會翻臉的情況下，他們才願意透露實情。這一步不好跨，但眞的很必要！

我的身高不高，改變後我只穿上衣搭窄管褲和洋裝，這兩種款式會拉高我的身形；光是洋裝就數不清有多少種，上衣和窄管褲能搭出的樣式更是難以計算，所以我一點也不擔心沒東西穿，也不奢望多挑戰一種風格。

因為這樣就夠了，這就是我現在的風格！只要是適合你的、讓你穿起來有自信的，那就是你的風格！

ZARA 跟 GUCCI 搭配得好，穿起來也沒有違和感！
ZARA
GUCCI

接觸流行資訊是幫助建立風格的好方式，但如何在流行當中，挑到最適合自己的，是最困難的！

法國女人和台灣女人的體型最相近，先天優勢要利用！

V 小姐跟我分享過一個很特別的觀點：「其實台灣女孩的身形和法國女人相似，就身材及整體的穠纖合度來說，我們是有建立風格的優良條件。」放眼亞洲國家，日本女生的身材比例五比五。東南亞的女生偏瘦，膚色較黝黑。韓國女生骨架較寬。相較之下，台灣女生們的身高就較適中，體型也較均勻，膚色也處於中間值。

同理來說，法國女生沒有英國女孩那麼削瘦，也不像義大利女生擁有較有肉的臀圍，膚色也比愛爾蘭、瑞士的女生來得潤一些。法國女生很懂得穿搭出屬於自己的風格，凸顯自己身材的優勢。也就是說，台灣女生應該也可以！

My Journey

第二章
我的人生練習曲

勇敢迎接更美好的自己

「挫折來的時候，一定會附帶一個禮物。不要只focus在挫折上，而是去把禮物找出來。當你有能力把禮物找出來時，挫折就一定會過去。」這是當年在我摔得粉身碎骨、自信盡失時，朋友提點我的一段話。這段話讓我反省了許久。

我反省，我一定有錯，不然人生不會走成這樣

我反省，不僅是毀滅性的那一跤，還有那之前我內心眞正的情緒，與對待生活的態度。我發覺原來那段關係早已將「眞正的我」磨掉，僅剩「努力符合期待的我」。看似風光亮麗，其實內在情緒早已低落不堪，表面自信滿滿，但實際的我根本連自我在哪兒都不知道、摸不著。就像跌入一片無邊無際的雪地，浩雪茫茫漫天飛舞，起身欲尋找出路，奈何目光卻無對焦之處。

人在處於低潮沒有自信時，會看不見別人、也看不清自己。只會一昧執著在一些無謂、狹隘或奇怪的點上，你只會看見自己「想看見、以爲自己看見」的事。你如此專注地盯著那個「點」，進而忽略或放棄察覺點之外的世界與風景。你的自我陶醉如此眞實，讓旁人的提醒與呼喚起不了任何作用。

這讓我想到泰戈爾書中的一段敘述：泰戈爾曾經住在小小的船屋上，船屋四周的景緻如畫，有著一輪滿月和鳥叫聲，當月光洩下在湖面上，湖面猶如一片銀白色的絹絲長髮。偶爾雁群過天空、飛魚躍出湖面，大自然合奏出一片祥和的沉靜之美。

一個滿月之夜，泰戈爾在屋內點上蠟燭閱讀一本談論美學的書，他就著燭光中沉浸在書中描繪的「何謂美？」

午夜，他吹熄蠟燭，看見月光忽地從窗外照進來，望著窗外，看到月光、銀湖，聽見蟲鳴鳥叫聲，才驚覺，他在書中尋找的美，只需要抬眼就看見！

於是，泰戈爾說：「神被我擋在門外，被一支慘白的燭光擋在門外；而我只要闔上書，吹熄蠟燭，走出去，就能見到這存在之美，這神性洋溢啊！」

在婚姻關係中的我，就像是那時的泰戈爾一樣，我只專注屋子裡唯一的一盞燭光，以爲那就是美好。那盞名爲「自我」的燭光。唯有把燭光滅掉，才能讓窗外的月光灑進來。

在我跌得粉身碎骨的時候，我問我周遭的朋友們，爲什麼她們以前都不告訴我，我有這麼多燭光般的「自我」？他們無奈的表示，他們提醒了我無數次，可是我就是無動於衷。我想著，低潮中的我的確關閉了很多感官，其中包括聆聽的能力（因爲我不想聽到眞相）、求援的能力。我寧可困守在燭光般的自我中，也沒有勇氣去面對眞相。

面對人生巨大的重創，我開始學習聆聽更多的聲音。我發現許多女人都和我有著相同的經歷，甚至比我更慘更痛。在同一個時間點上，全世界不會只有我一人因結束婚姻關係而痛著，很多女人正跟我處於一樣的狀態，面對同等的不堪、忍受著一樣的苦楚。

因爲心疼不捨她們所經歷的一切，我嘗試協助安慰、撫平她們的傷痛。不知不覺中，自己也被療癒與鼓勵到，而振作了起來。

我很感謝很多朋友，願意把自己好不容易結痂的傷口，掀起讓我看，告訴我傷口是會癒合的，但癒合不能只靠時間，還要有自體修復的能力「發自內心勇敢面對自己、聆聽世界、感受眞實」，一切都會痊癒！

第一樂章：終於把耳朵打開，聽得進專業意見

我想兩年多前那場浩劫帶來的禮物應該是「改變的勇氣」。從一個畫地自限的我，到願意嘗試各種改變的自己，那是一段「不可思議」的過程，更是難以形容的珍貴之旅。

我的感官世界恢復了正常運作，我的內心狀態也跟著改變。我告訴自己「術業有專攻」，我必須放下「自以為了解自己」的心態，去聆聽並尊重專業的意見，這樣我才有機會遇見更好的自己。

這兩年多來，我的造型師V小姐在我身邊見證了許多改變。雖說一路走來，我常因積習難改把她氣得半死，也常因跟不上她的腳步而令她沮喪。但專家就是專家，不達完美絕不罷休！她可以前一秒被我氣到七竅生煙，下一秒展現她的專業態度，瞬間配出好看到極點的造型。然後殺氣騰騰的提醒我：「你可以把我氣死後讓自己醜死，我沒意見。或者你就認眞地學，把本事都學會了，再把我氣死，你以後才不至於醜死，懂嗎!?」

我笑稱自己決心當個有公德心的人。不讓自己變成有礙觀瞻的移動物體，就是我爲社會盡到最大一份心力！

心境轉，世界就跟著轉。讓自己有一顆肯「聆聽專業、嘗試改變、接受新事物」的心，一切會變得更美、更好、更不一樣，何樂而不爲呢！

第二樂章：

重整衣櫃，丟掉各種捨不得

在心理影響生理的情況下，我八個月內瘦了十二公斤，但那不是健康的瘦，純屬一種不可控的情緒壓力反射出來的結果。那時不管我怎麼吃，只要上一趟法院，回來就掉一公斤。

瘦下來後，衣櫃內的每一件上衣、褲子、外套、洋裝對我來說都太大，穿起來寬鬆到不行。我跟朋友反應說：「每件穿起來都鬆垮垮的，沒有線條，沒有型ㄟ。」她回說：「很好啊，你以前不就愛穿寬鬆的衣服。你有型過嗎？」被她這麼一激，倒是提醒了我，我以前買衣服的習慣是以「寬鬆舒適」爲準，那接下來呢？繼續寬鬆下去嗎？

望著衣櫃內那滿滿的over size、說不出是什麼風格的衣服，我想除了打電話尋求專業協助外，應該沒有更好的辦法了。

V小姐先來到我家，看了看我的衣櫃，一半是暗色系的服裝，另一半是五顏六色，她只跟我說了一句話：「那些衣服全部要丟掉！全部！」我呆了幾

秒，全部?!她沒給我反應的時間，便開始著手將衣服一件一件的拿出來，往沙發上擺。沒幾分鐘時間，沙發區已經塞滿了她打算幫我捐出去的衣服，但我並沒有要扔掉或捐出那些衣服的意願，因爲每一件都是我喜歡的，怎麼能就這樣處理掉？

我開始拿起每一件衣服跟她述說個別的小故事：「這件衣服是在法國買的」「另一件有我的記憶」「那幾件很貴……」V小姐看出我完全沒有要丟衣服的意思，她搖搖頭說：「你要我來聽你說故事，還是要我來幫你找到自己？」看著她從衣櫃裡拿一件出來、我心就抽一下。途中我還試圖遊說她，要不我們先處理五〇%的衣服就好，這樣如果我胖回來的話，至少衣櫃裡還留有一半的舊衣服是可以穿。面對我這荒謬的想法，V小姐一句話也沒說，手也沒停過。

看著沙發上的那座衣服山，我實在不捨。V小姐為了讓我了解什麼叫做「不再適合」跟「不能將就」的感覺，她決定採取體驗式教學，要我一件一件的試穿我的捨不得。

一天一夜！我花了一天一夜的時間試穿完所有的衣服。過程中V小姐要我學習判斷哪些是適合的、可搭配的，就把那件留下來。果然只留下了二%的衣服。我有些失望，但的確不適合了，我再勉強也沒意思。

隔兩天V小姐來找我時，發現我偷偷撿回了幾件衣服。她雖無奈，也只能一邊分享這就是「捨棄慣性」的過程。「斷、捨、離」本就是不易學習的課題，就算當下我知道她是為我好，我還是會覺得：「怎麼可以要我把衣服丟光光！」

第三樂章：

我開始打破慣性，養成時時斷捨離的習慣

我在錄節目時，碰過家有囤積症病患的來賓，約翰霍普金斯大學統計顯示，我們生活周遭大概有百分之四的人患有囤積症。以台灣二三〇〇萬人來計算，可能約有將近百萬人患有這種症狀。

囤積症的行為特色，就是對物品難以捨棄，也會出現想過度獲取的情況。他們會一直買、一直拿、一直撿。囤積者有八％以上的都是購物狂，有五成的囤積者喜歡從外面撿廢棄物回家堆。

最麻煩的就是沒有病知覺的患者，他會將住所堆滿了物品，除了看不到地面外，還可能堆到連睡覺的空間都沒有，無法正常生活。

當然，不是東西多就是有囤積症，絕大部分的人，即便是很愛購物、買很多，一樣可以將家裡收納得很乾淨、很整齊。

之所以提到囤積症的原因是，居住環境與生活習慣都是在改變過程中，必須面臨「打破慣性」的重要環節之一。多數的我們很難一下改變多年來的思考

邏輯或認知觀念，那我們可以選擇先從生活層面著手。

打破慣性

打破慣性這件事，沒有固定的步驟可循，它有的只是自己跟內心之間的一個儀式。不管是先從外觀造型、生活習慣、還是思考邏輯著手，在你開始動作前，你要提醒自己在這動作之後，就代表你已把從前丟掉，一切都是新的開始。這是一種心理暗示。實際動作（如：清理衣櫃）是外在戒掉慣性的表態，而無形的儀式是內在啓動自覺的提醒。

雖說「打破慣性」學習「斷、捨、離」沒有固定的步驟，但我個人覺得從清理衣櫃下手是個不錯的選擇。因爲**衣櫃內的東西，覆蓋了我們身體絕大部分，它最能反射出你的慣性、你的自我認知、你對生活的態度**。你衣櫃裡衣服的顏色、款式、數量、擺放的方式，無一不讓你好好檢視自己。

有些衣服的確有它應該被保留的價值，不是金額多寡，而是一段寶貴的回憶、一塊心裡的記憶拼圖。找一位會修改衣服的裁縫師聊聊，看看那件充滿母女回憶的微篷舊洋裝，能不能拆了墊肩，重新抓一下腰線。不求它變成時尚流行款，但稍微合身些或許會讓你更好搭外套……等等。

但要記得，值得花錢修改的才改，不是每件有回憶的衣服都能被修改，或創造新價值。大多平價服飾或無特殊設計的成衣，在材質上有一定的壽命，而且顏色飽和度上也無法長年保鮮。那樣的衣服，就讓它過了吧。美好回憶留在腦裡、心底、照片裡就好。

沒有騰出空間前，別再買東西

這段時間 我學習到不讓多餘的情緒和東西停留太久。搬到新家以後，我開始執行紙袋、塑膠袋不落地的習慣。買回家的東西就立即處理、歸位，永遠保持桌面、地面的整潔。這樣的生活準則讓我很舒服，我不會再嘴裡喝著咖啡、眼裡看著桌面上一袋袋的東西、心裡想著我要趕快喝完趕快去整理。少了那種壓迫感，我開始覺得每天的生活都很美好。

家裡能使用空間就那麼大，很多已經成爲過去式的物品，就該被收起來。收起來的定義是整整齊齊的裝箱、封箱、擺置角落。而不是從你床頭邊移到你書桌旁，也不是從書架上丟到抽屜裡。那樣不叫收起來，那叫亂扔。亂扔的下場往往都會需要用雙倍的力量再去整理一次，那多耗時傷神。

以前我習慣把家裡堆得滿滿的，可能是衣服、可能是我當下喜歡的特定物品。但現在的我已斷離了那樣慣性。因爲仔細想想，每日生活所需的東西其實不多，包括食物在內，都是可吃完再買的，沒有必要讓家裡左一堆、右一盒的。我現在的原則是——沒有output就不要input。櫃子沒有騰出空間前，就不要再買東西。

別再低頭看回憶了，抬頭看看自己吧！

「情緒」是世上最難斷捨離的東西。很多人在結束一段關係時，會將所有跟對方有連結的物品丟掉、或退還給對方，也有很多人會保留著那些回憶，時不時地拿出來看看。聽起來第一種做法比較符合斷捨離的原則，但其實不然，你要問自己「情緒斷捨離了嗎？」。

或許後者才眞正做到情緒上的斷捨離，所以他可以把一切當作「回憶」看待。當然，我們周遭不乏不只保留著回憶，還靠它度日的朋友。如果朋友正處於這與「回憶難分、難捨、難清醒」的狀態，請你幫他一把。幫她把東西都打包，收到她不易拿取的角落。這樣她才有機會抬頭看自己，而不是總在低頭看回憶。

每天像螞蟻辛苦工作，也要保持蝴蝶的心情

我之前的生活，一度就像法國人說的：「早上出門工作，靈魂就不見了，只有晚餐那杯紅酒可以把靈魂召喚回來。」它的意思是，很多人上班是過著沒魂有體的生活。但只要放鬆、放慢腳步，你的靈魂自然就會跟上來，身心靈才會比較平衡。

現在的我正過著身心靈平衡的生活，因爲學會在必要的時候，斷開不好的情緒，那種感覺就像讓在執行「垃圾不落地」的概念一樣。讓自己的心情與生活都變得如此明亮、舒爽。

我現在的工作行程表依舊滿檔，但我很欣賞詹雅雯老師說的一句話：「雖然每天像螞蟻般的辛苦工作，但我們要保持蝴蝶的心情喔！」

朋友問我，我是怎麼盤點這些日子以來的生活？我思索了一下，我覺得人生並不像是打掃家裡或整理衣櫃般那麼簡單就可盤點清楚的，而且那不是一種盤點，而是我每天都在學習面對各式各樣的「斷、捨、離」；每一天遇到的每一件事情都得學會用「斷、捨、離」的心情去看待。

3
如果這件衣服超過三年兩個月沒穿，就請丟掉

你可以找最好、敢說真話的姊妹或朋友，一起看你穿衣服，把不適合和將就的衣服，全部丟掉。

4
改造充滿回憶的衣服

雖說捨棄「慣性」是一個改變的方式，但真的捨棄不掉時，也許我們可以轉換個方式和念頭，為無法捨棄的東西創造新價值。以整理衣櫃為例，那件朋友特地出國買回來送你的外套、那件你存錢買下的第一件精品襯衫、那件充滿母女回憶的洋裝。捨不去，離不開，那麼就為它創造新價值，找位裁縫師來改造它們！

5
為自己買一個全身的穿衣鏡

每個女生都一定要有一面全身的穿衣鏡，不管你幾歲，它就是女性必備的工具。其實，全身鏡真的有它的必要性及重要性。你必須從頭到腳完整地看到自己的整體造型，才有辦法判斷身上的顏色是否過多，或色系是否搭配？如果僅靠半身鏡，你就只會看得到上半身的色系、風格，而忽略了下半身。那就可能會發生我在前面提過「七彩繽紛」的狀況。即便是在衣櫥牆面的全身穿衣鏡都是 ok 的，就是要越早養成看整體性的好習慣越好。

你也能派上用場，「打破慣性」的整理

不是每個人的身邊都有一位很嚴厲的 V 小姐，所以沒辦法跟我一樣，一次到位的把衣櫃清理乾淨。但是你能這樣做：

1
打包捨不得丟的，先讓出空間給新生活

你先把真的捨不得扔的、但又真的不會再穿的，擺放整齊打包起來。放到不妨礙你日常生活的角落去。這樣至少可以讓你的衣櫃清爽些，又能暫時斷掉不必要的情緒連結。

2
買新衣服前，先想一下衣櫃有什麼

一般人在買衣服時，常常忘記自己衣櫃內原有的品項，就衝動的購買了不搭調或重複的東西。甚至有些是「想像式購物」，就是看見了一件很美的晚禮服，就想像著自己穿上去一定會很美。但其實過去和未來的日子裡，你從未出席過需要穿晚禮服的場合，那晚禮服就絕對是浪費！

第四樂章：
我開始製作專屬我的衣櫃搭配檔案

以前的我，對於不斷更換衣服會不耐煩，對衣服版型、材質、色溫的名稱也沒有什麼感覺。有一次V小姐說：「這件褲子應該要配一件收腰身的上衣」時，我就套了件貼身的上衣出來，她說：「是收腰身的那一件！你身上這件叫『貼身』。」我看了看鏡子，心想：「這就有腰身呀，都已經貼成這副德性了，還不夠收嗎？」

另外一次，我自己搭好了一套造型是給V小姐看，她指了指我的褲子說：「色系ok，但褲子的顏色差一個色階。」我內心狂吶喊：「什麼叫差一個色階啊？」現在的我可講究了，能耐著性子換上十條褲子，只爲搭出「鹿兒島本枯節柴魚跟北海道尻利昆布」等級般的組合。

在衣櫃清空開始添購新衣時，我遇上了很大的困難，每次在V小姐幫我搭配完，衣服一掛入衣櫃內我就忘了哪件是哪件，尤其牛仔褲跟白襯衫是最考驗我的記憶力！後來，我開始用iPad來幫我記錄所有的服裝搭配，才解決所有問題。

我的iPad內有一個專門的服裝檔案。裡面從單品的照片，到搭成套的紀錄應有盡有。有一次朋友來家裡吃飯，讚美了我的上衣好看，順口多問了句「它是不是只能配這顏色的褲子？」我馬上翻閱iPad中的照片給她看，跟她分享還有哪些搭配法，搭哪雙鞋子跟哪個包包最好看。一連滑了好幾張照片給她看，邊看邊說明各個搭法的巧思。

她突然說：「好的，那就這件、這件、這件，幫我包起來，送我家。」我滿頭問號的看著她，她卻笑著說：「從前你只穿七分褲跟厚底拖鞋，進化到這地步，還用iPad建立檔案。聽完你的解說，我每件都想買，而且很像到了名牌店，他們show給你今年最新款的那種感覺。」聽完換我大笑，好像眞的有那麼點像。

遠離「想像式搭配法」

很多時候我們會發現，我們在買衣服的當下，常常想像某件衣服可以和某件下半身搭配，但實際穿上才發現風格南轅北轍，那是因爲我們很習慣用「想像式搭配法」，也是因爲我們沒有機會用別人的眼光來檢視自己的打扮。

一般來說，衣服穿上身，照照鏡子，如果感覺ok就ok，一整天下來不太有機會再看到自己的整體造型。如果感覺不ok的話，就會立刻換一件，也不會有機會認眞分析搭法究竟哪裡不妥。不管好看與否，我們眞正看到完整自己的時間是很少的，對自己衣櫃內的衣服也不夠了解，所以當畫面不夠深刻、腦裡的比對資料庫不足時，一切都只能靠想像。

但如果你可以記錄下每個穿搭，花點時間檢視那些照片，你就會越來越清楚自己穿什麼樣的版型最好看，什麼顏色最搭自己的膚色。這樣你對自己跟衣服之間就不會存在太多錯誤的「想像」。

好好累積自己的「穿搭檔案」，你就會越買越精準、越搭越順手。當某些衣服已配不出新意，或跟衣櫥內多數服裝的風格不搭、但又還未達必須要淘汰的境界時，你可以先將它裝箱，等到哪一天有適合跟它搭的新衣出現，它就可以再現江湖。這一類的衣服可拍在手機內，這樣你逛街時就可隨手翻閱，替它找新朋友回家作伴。

善用搭配檔案，你會發現自己買對衣服的機率越來越高，風格越抓越準，重點是治裝費越來越省喔！

4 連同配件一起拍進去

這樣除了可以讓你快速出門外，也可避免你一時眼盲的多搭了幾種顏色上身，也破壞了原配好的整體感。所以鞋子、背包、圍巾，都應該搭配好一起入鏡。

5 標籤也要拍

如同我先前提過的，白襯衫牛仔褲是很容易搞混的品項，即使按圖索驥也可能會失誤，能把標籤也拍進去是最好的。如果沒有標籤的話，那就拍能讓你認得出的重點。我認識一位對服裝造型很講究的朋友，他會花時間幫衣服編號碼（把號碼寫在一小塊布上，再縫在衣服某個看不到的邊角）。他覺得搭出三種穿法中，一定有 100 分跟 85 分之差，他只想穿 100 分的。所以為了不拍標籤，他直接以 18 號上衣搭 9 號褲子。這種方式比較適合一件衣服只搭一種穿法的人使用，如果採每件都配出三種穿搭的話，那號碼滿天飛起來，可能比記品牌英文名稱還恐怖。

6 iPad 自己管理

這是個無比慘痛的經驗，我忘了那時為什麼把 iPad 交給正在使用電腦的友人，也許是更新軟體。我只記得她很冷靜地對我說：「檔案裡的照片好像被我覆蓋掉了」，還接了句「但不是全部，只有服裝搭配的那些」。我欲哭無淚，氣到說不出話來。

當下打遍所有能求救的對象，但於事無補，那個把我檔案覆蓋掉的人就是 Christine，她應該是想報復我當年不肯乖乖配合節目做造型的仇！

她對這件事的結論竟然是「我覺得你的修養真的很好，沒把我殺了」。

這故事告訴我們，千萬不要將你的 iPad 輕易託付給別人。

1 新衣服買回家，首要任務就是搭出三種穿法

千萬不要等到要穿它時才搭。不然在趕著出門的情況下，很容易出現「這樣就好、應該可以吧」的應付心態。如果週間時間有限，那就把搭衣服排成你週末的行程之一。一來時間充裕能提高搭配出的 CP 值，二來可以邊搭配邊整理衣櫃，搞不好會發現裡面還有自己沒穿過的衣服。可以搭的就快讓它出土，不適合的就捐出去。

2 依品項做分類

我們不太可能將衣櫃裡的每一件衣服都單拍，但像大衣、外套、洋裝、幾件較常穿的褲子及有設計感的上衣，應該拍照存檔。還有背包、絲巾、鞋子這些屬於必要的配件，也要收錄在 iPad 裡。最重要的就是搭配好的穿搭圖，褲裝、裙裝，正式、休閒，各有各的歸屬的文件夾，這樣找起來就很省時方便。

如果你一季的鞋子超過 10 雙，那你可以依色系相同的為一組拍照，或款式雷同的為一組拍照，不用一雙一雙的拍。有的時候三五雙一起拍，有比較值反而好挑選些。但包包的部分最好是一個包拍一張，而且要拍出它的重點特色。

例如有個包包它正面看是全黑、背面看也是全黑，但它在側面鑲有其他的顏色，那你就應該把包包側到一定的角度，這樣你才知道該怎麼搭這包，好讓它側面的設計起到畫龍點睛的效果

3 怎麼拍就怎麼穿

襯衫該紮進褲子裡就紮進去，該繫皮帶就繫起來，不要模稜兩可。

我犯過一個錯，我拍了張襯衫露下襬，搭略為高腰的牛仔褲，看起來很顯修長帥氣。但實際穿它時，我不知怎的就把下襬給紮進去了。雖說出門前我隱約覺得好像哪裡不對，想想又覺得應該是對的，因為我有用 iPad 拍過這一套。但我當時懶得再 check iPad，所以就那樣出門。

可想而知，當天的穿著就是一個悲劇。因為衣襬紮進去後，視覺上高腰褲的褲頭大概到我的胃部，而原本讓我顯修長的襯衫腰線，也都讓我紮給進去了。好好的一個組合，被我一時腦袋進水給毀了。所以請切記，怎麼拍就怎麼穿！

You Must Have

第三章

每個女人都該有的單品

說了這麼多該丟不該買的，總該講些該買的了吧！沒錯，女人們，這就是你大展身手的時刻了，讓我爲你整理買衣重點！

優雅不屬於那些
才剛擺脫青澀的年輕女孩，
而是專屬於那些
已經掌握未來的女人。

——可可・香奈兒

皮衣

冬天，你需要一件皮衣耀眼全場！

每一個女生最必要的單品就是一件眞皮的皮衣，一般人的皮衣買的都是黑色，我跟一般人一樣，以前都只買黑色的，但現在敢買不同的顏色，例如，灰色和粉紅色。秋冬之際，一片黑壓壓的冬衣之中，我就是最顯眼的那一個。

買皮衣，有個要點，就是一定要試穿，穿上去適合你的版型才買，如果預算許可，那就請多買兩個顏色，畢竟版型適合自己的皮衣難尋，多買一件，絕對不會後悔！好的皮衣還可以穿四季，怎麼穿呢？讓我告訴你！

皮衣應該是褲、裙皆可搭，重點是風格要抓對。

灰皮衣裡面是黃襯衫，搭配黑色牛仔褲，再配上一個黑色包包，與黑色系的靴子，是最基本與安全的穿搭。很適合上班族、通勤族的穿搭。天氣冷的話，可再多搭一條圍巾。

灰色皮衣搭配高跟鞋，則多一分女人味。如果不會配色的話，切記，全身上下請不要超過三個顏色。有沒有發現，我全身上下只有黃色與灰色，利用同色系的深淺搭配，就可以相當亮眼。

這是進階版的穿搭，利用黃色的基本毛衣與同色系的黃色圍巾，點綴下身的深灰色褲，整個人都亮眼起來。

一般人都覺得粉紅色的皮衣難搭配，初級班的同學們，請先嘗試搭配黑色，但不要再搭黑鞋。粉紅色皮衣搭配粉紅色高跟鞋，就有一致的感覺。

這次是灰色與粉色皮衣的搭配，很難想像這兩個顏色搭配的起來，但切記小技巧，穿搭不能只靠想像，一定要反覆試穿，才會知道自己的衣櫃裡，誰和誰最搭配。

粉紅色皮衣除了搭配同色系的高跟鞋之外，也能嘗試粉紅色長靴，及膝的長靴會讓我的腿看起來修長，又不失女人味。

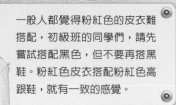

我曾經穿了一套自以爲很夢幻又有性格的服裝赴V小姐的約。那是件連身雪紡紗材質的長裙，上半身套了件黑色的皮衣。感覺起來很有仙氣，是個性女生會有的打扮！她看到我便問：「你去新疆的機票，訂的是什麼時候？」一頭霧水的我表示並沒有要去新疆。她重頭到腳把我打量了一遍，回我：「沒有要去新疆？那你幹嘛『朝穿皮襖午穿紗』？」

言下之意，她覺得我的搭配很不ok。我試圖解釋我想要穿出的感覺，她回了我一句「別糟蹋了這件皮衣」。我只好認分的搭回適合自己的褲裝！

西裝外套

能脫和不能脫的穿法，請看仔細！

別以爲西裝外套是給上班族穿的，也不是只有上班時才能穿。西穿外套也有分風格、款式，它已不是爸爸衣櫥中掛的那一種，四四方方、厚墊肩的造型了。從我有印象的英倫雅痞、美式休閒、義式經典，到近期的韓式修身款，各種剪裁、材質都有。它已不再是男人衣櫃中專屬的品項，反之成了女人衣櫥裡必備的單品。

女性在西裝外套上所能發揮或展現的面貌多於男性。如西裝內搭的是硬質的襯衫，那就屬專業感較強的搭配。如果搭的是軟質的襯衫，那就略顯女人味。如搭當季流行的單品，那自然具有時尙感。如內搭一件低胸衣，那什麼風就不重要，因爲身材好的，男人看了會發瘋、女人看了會氣瘋；身材不好的，誰在意你是什麼風。

西裝外套之所以會被我列入衣櫥必備品項，是因爲它的多元可以讓你穿梭各種場合，都不顯得突兀。當然，除了靠挑選內搭來襯托出整體風格外，還是要注意一下西裝本身的剪裁是否符合你要出席的場合。你不會想要穿件又厚又八股的西裝外套，搭低胸雪紡上衣去夜店。因爲雙手可能舉不起來，更無法隨音樂在空中搖擺。

在穿上西裝外套之前，你要先思考「我今天穿它出門，是要脫還是不脫」，因爲要脫與不脫的整體搭配法是不一樣的。假設你要出席一場小型研討會，你裡面搭的是細肩小背心，不管你身材好不好，就算會議現場讓你熱到要中暑，都不能把外套脫掉。因爲一脫下來就失禮了！我舉的是初階版的例子，進階版的就不是失不失禮，而是整體造型感一致與否的考量。

買西裝外套跟買皮衣是一樣的道理，遇上適合的就多買兩種顏色，因爲不用修整就能完全修飾自己身材的西裝版型可遇不可求，難度比買到適合的襯衫高多了！

朋友問我習慣買哪家品牌的西裝外套，我回家檢視了我櫃內的那幾件，發現我眞的沒有品牌迷思，可能是我習慣碰到適合的就買，所以什麼牌子都有。有從英國、日本專櫃買回來的，也有在UNIQLO買的。

UNIQLO那件替我賺進不少讚美。我眞不敢相信自己能把四千多塊的西裝，穿出上萬的感覺。因爲以前的我，只會把一件好幾萬塊的衣服，穿得讓人誤以爲是來自回收箱的二手衣。

絲巾

修飾臉部線條的功臣

別小看絲巾、圍巾，它們是屬於可累積性的配件。不能說它們不受時尚潮流的影響，但是純色系的絲巾、圍巾永遠都派得上用場。

女人的絲巾和圍巾就像男人的領帶一樣，是一門學問。長的、短的、大的、小的、厚的、薄的、能充當披肩、皮的，毛的、針織的、棉的……我光是絲巾加圍巾就有一百條。別以爲它只是拿來保暖，它還能修飾你臉部線條，最重要的是它是「頸紋救星」。

大家都覺得花色圍巾很好看，但花圍巾其實最難搭配，想購買要三思！

你覺得我的絲巾和裙子很搭嗎？是否很好看？偷偷告訴你，這件洋裝是 PRADA 的，但這條絲巾是我去永樂市場買的！看不出來吧？我自己到永樂市場剪了各顏色的絲巾，好隨時為我的衣服搭配派上用場，以前的我也想不到，一條平價的絲巾，卻能創造如此美妙的和諧感！

皮帶

便宜的也無妨，最好每個顏色都有！

我以前是不用皮帶的，衣櫃裡的皮帶都是買洋裝或衣服附贈的，我的想法是「皮帶只是爲了不讓褲子掉下來」。只要褲子不太鬆，我幹嘛要繫皮帶？有一次我去花蓮玩，看見我十八歲姪女穿著牛仔褲，腰間卻好像少了什麼，要是多了一條皮帶就好了！於是我問她，爲什麼不搭一條皮帶呢？她回我：「因爲褲子不會掉下來啊！」啊，我頓時回到從前，這和我以前的想法一模一樣。

其實皮帶是整體感的靈魂，是造型的一部分；就像是蛋糕上的糖霜，女生出門要記得畫眉毛一樣重要，皮帶既是裝飾，也可以完成你的整體感。

黑色、白色、藍色一定要有，其他的顏色最少七條，紅、橙、黃、綠、藍、靛、紫，穿褲子一定要配皮帶，皮帶我最推薦的就是UNIQLO出的一款細皮帶，有相當多顏色，也很平價，拿來配衣服非常實用；好的黑色皮帶也要有喔，如果有搭配得很順手的皮帶，請記得要多買一條，因爲皮帶也是消耗品，用久了也是會壞的。

當你遇到和鞋子相同材質或顏色的皮帶，請一定要買起來，那會增加你的搭配品味！

眼鏡

請準備上班、休閒、隆重等三種風格的眼鏡。

我一直來都有很多副眼鏡，但永遠只戴固定那一兩副。以前製作單位要求我盡量不要戴眼鏡主持，因爲播出時我的眼鏡常反光。我試了幾次不戴眼鏡，但是沒辦法看清楚提示版上的字，反而一直瞇眼、皺眉，上鏡頭更不ok。造型師們困擾到希望我去做雷射或戴隱形眼鏡。那時的我連改變髮型都有困難，更別談其他了。

浩劫過後，朋友們半開玩笑的對我說：「你眞的可以把眼鏡給丟了，不然就去換個度數吧，你連自己都看不清，再戴下去有差嗎？」所以，當V小姐再次告訴我，爲了整體造型的合理性，她希望我能考慮試戴隱形眼鏡，我終克服心理障礙，願意試試。因爲我的眼球有問題，所以我一直認爲自己無法戴。V小姐爲了讓我有安全感，特地帶我去看眼科，讓醫生證明我配戴隱形眼鏡是安全無虞的。

現在我只有在《新聞挖挖哇》中才戴眼鏡，因爲得要閱讀大量的資料。除此之外，我能不戴就不戴，讓我自己脫離慣性。除非造型上需要，不然我還滿喜歡不戴眼鏡的自己。但眼鏡仍是我的必備配件，因爲它能爲整體造型加分。

對長期需要配戴眼鏡的人來說，它的戲份很重，需要經過精挑細選，確定它可以跟你衣櫥內的服裝搭，符合你的膚色你才買。如果不小心買到不是很適合的，那也沒關係，你可以把它當作裝飾品使用。

買眼鏡跟買衣服的概念一樣，要一直試才知道哪副比較適合自己，你喜歡的，上了臉不一定好看。這跟「不要用想像來搭配」是一樣的道理。不知道怎麼挑選時，可試著朝「上班、休閒、隆重」這三個方向去做選擇。因爲我們的生活不外乎就是上班、跟朋友聚會、出席重要的場合，所以一種場合至少有一副，剛剛好。

女人可別一鏡到底！配件往往是穿搭最後一道加分利器，眼鏡、墨鏡對造型的扭轉乾坤的功力更是深不可測。

好鞋

同一雙好鞋子、不同顏色應該多買兩雙

有次女兒心血來潮的站在我的鞋櫃前，發出了讚嘆聲，覺得我變得好不一樣！我問她爲什麼，她回答我：「我從小對你的印象就是拖鞋，因爲你好像沒有穿過其他鞋種，不像現在的鞋櫃這麼豐富。」

我把這件事跟朋友說，她們點頭如搗蒜。其中一位先發難，他說沒見過我這麼奇特的人，不管什麼場合都只穿厚底拖鞋，完全不在乎協不協調跟美感這件事。另外一位抱怨，我的坦克拖鞋是大家的夢魘，所有節目無一倖免。關於這點，我還眞沒得反駁，因爲他們手中握有數十張、張張都是厚底拖鞋的照片。

其實我單身時，是可以踩高跟鞋跑步的那種女生，但結婚後，爲了要能追著孩子跑，我就開始穿平底的。等到不用再追孩子跑的時候，我好像也穿不回高跟鞋了！這應該是多數媽媽的心情吧！

大家你一言我一語的提醒，我在心中默默地推算了一下，我的天啊！我大概有十個夏天都在七分褲及坦克拖鞋中度過。難怪女兒的讚嘆聲那麼眞心、誠懇。

在剛開始變瘦，想改變造型時，V小姐打開我的鞋櫃，不到三分鐘，她就受不了的闔上了鞋櫃門，她說：「你的好鞋子都封在鞋盒裡，然後掉下來的每雙都是拖鞋，這跟你的人生風格還眞是一致。」

厚底拖鞋是她一秒都無法忍受的東西。她問：「你有看過哪位很有女人味的公衆人物，踩著這鬼東西到處跑的嗎？應該沒有吧！因爲這是個讓女人味盡失的最佳利器。」

毫無疑問，V小姐要我把所有的坦克馬上開走，勉強讓我留一雙在過渡期穿。

「這雙頭好像太尖了，我穿了可能腳會痛。」那雙的跟有點太高，我會站不穩。」「這雙好像很難保養、弄髒了怎麼辦。」這些都是我初期接受改造時，所講過的話。

遇到美鞋時，先想能搭哪些衣服

V小姐對於我這些自言自語相當不開心，她覺得如果我只爲自己的恐懼改變不斷地找藉口，那她不如把這時間拿去改造別人，可能會事半功倍。不出三個月，她改變了策略，她會提醒我去試穿哪幾雙鞋，告訴我那些鞋款可以搭我哪幾件衣服。買不買隨便我，但試穿的時候要拍照留念。

回到家後，她讓我把那幾件，她原本建議可搭配某雙鞋（我沒買的）的衣服，攤在床上。然後再把剛拍的照翻出來，跟衣服比對。她這招眞夠嗆！那幾雙因爲猶豫不決而沒買的鞋款，統統讓我後悔到只能咬自己舌頭。遇到適合搭配的，以後再也不敢不買！

女人要改變就不該一直找藉口，自欺欺人會讓你錯過本該屬於你的美好。

我暴瘦的那段期間，所有的靴子都被我穿成雨鞋，因爲我的腿太細，鞋子的筒圍太寬。只有過膝靴穿起來勉強能看，如果材質不夠硬的話，還會一直往下溜。於是我只好趁去日本出差時，去鞋店碰碰運氣。可能連老天爺都受不了我把靴子穿成雨鞋，所以我幸運的在同一家鞋店買到了六雙長短靴、兩雙高跟鞋，外加四個和鞋子同色系的包包。

回飯店的路上，我們買了一綑膠帶和麻繩，準備將這些戰利品裝箱回台。當我去跟櫃台工作人員借剪刀時，他們卻不肯也不敢借我，因爲怕客人自殺。當下眞是哭笑不得，怎麼解釋都無法化解他們的擔憂。最後我跟飯店工作人員說：「一個女人一次買了六雙靴子、兩雙高跟鞋、四個包包，你覺得她會捨得自殺嗎？」被我這麼一說，他笑了，終於把剪刀借我。

其實同一雙鞋子、不同顏色應該多買兩雙，我一開始會想：「哪有人會這樣買？」但現在我懂了，因爲穿得合腳、舒適的，就是屬於自己的鞋子。比起買到不合腳、穿不久、走不遠的鞋子，碰到適合自己的，多買兩雙也不爲過。有些鞋子我眞後悔當初沒聽從建議多買幾雙。

羅妹妹說過：「名牌鞋是穿給別人看的，好穿的鞋不一定是名牌。」買鞋的重點在於合腳、好穿，單是型好是撐不久、走不遠的。我鞋櫃裡的鞋分兩種，一種是因工作需要而買的，那些多屬造型感較強、整體感很美，但不怎麼好穿、走起路來腳會痛的那種鞋。另一種就是造型不一定亮眼，但很耐看、好走、不磨腳，穿它走一天的路，腳也不會不舒服。這些才是眞正屬於我的鞋！

別怕白鞋易髒就不買！

我以前的鞋櫃裡鮮少出現白色的鞋，因爲我覺得它易髒、難保養，而且不

像黑色鞋子那麼好搭造型。我後來發現這是天大的迷思，白色鞋子是夏天的必備品，特別是涼鞋。但好看又好穿的白色鞋子不多，所以只要讓我碰上了，我就一定買。

我建議大家不要因爲擔心白鞋易髒就不買，這如同白襯衫一樣是必需品、也是消耗品。它一定會髒，但在它髒之前有爲你創造美好的記憶、爲你帶來喜悅的心情、陪你走過一段日子，那就值得了。

買鞋買到後來，我也有領悟。就好比兩人之間的關係，你不能因爲害怕面對摩擦、而放棄嘗試改變，也不能因爲擔心有裂痕、而隱忍所有情緒。即便最終還是分開了，但那些曾經爲彼此帶來、或共同有過的快樂時光是永遠屬於你的。不管你想把它記在腦裡或收藏心底，它就是人生道路上的一段回憶。

在我必備的鞋款清單上，除了白色鞋子之外，藍色高跟鞋更是不可少的。如果你是個習慣穿牛仔褲的女生，那你一定要有一雙藍色高跟鞋，因爲白襯衫或一件緊身T恤搭牛仔褲，配藍色高跟鞋，是四季都派得上用場的經典穿搭款。

昂貴的鞋子怎麼保養？

鞋子一定要擺出來、不要裝鞋盒，因為裝鞋盒的鞋子容易被遺忘，不管它再怎麼平價，沒派上用場也一樣是浪費。而且裝鞋盒的鞋子，氣味跟透氣度都不 ok。

保養鞋子最好的方法就是讓它有休息的時間。千萬別因為它是你的愛鞋，你就每天都只穿它出門。原本可以穿一年的，在高頻率的使用下，可能不到半年就面臨汰舊換新。盡量讓自己多有幾雙鞋做交替，這樣每雙鞋的壽命都可以延長一點喔！

能去除異味的竹碳→

鞋櫃中放入南僑肥皂永保一股剛洗好衣服的清爽→

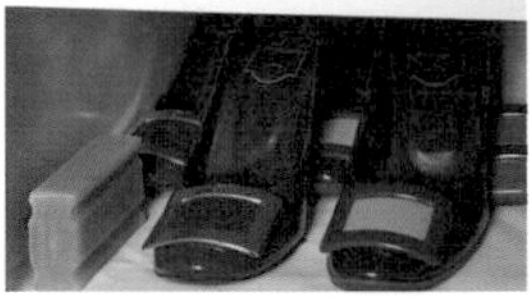

↑你注意到了嗎？同色系的鞋擺在一起，更好搭配！

小臉針織衫

發現能小臉的套頭針織衫，立刻購買！

很多人不敢穿套頭針織衫，覺得穿起來又肥又腫。我倒不這麼認爲，一件有好設計的針織衫，能讓你臉蛋瞬間消腫！

請大家仔細看一下這件套頭針織衫下緣，有著倒三角織法，讓我的下巴瞬間拉長，再也不用擔心套頭。另外值得注意的是，一般短袖針織衫的袖子都很平整，這件的袖子卻斜切向上，拉長了我的手臂。上半身的比例，竟然瞬間縮小。

能讓你瞬間變瘦的衣服，百年難得一遇。各位，答應我，下次如果遇到這種針織衫，請毫不猶豫的買下來。而且，有幾件買幾件！

後記

我想藉這個機會跟一路陪我走來的朋友、工作夥伴、還有我的母親及一雙兒女說謝謝！

籌備這本書讓我有機會細數自己近三年來的改變，特別是心境上的轉變。心境跟慣性這兩項無形的東西，糾纏起來眞是沒完沒了。它不像朋友之間打架你可以把他們拉開，也不像兩個人吵架可分出勝負。它們比較像我的那一對龍鳳胎，面對相同的事件，兩個有截然不同的想法。一碰在一起，就爲生活裡各種大小爭執、拉扯，難分難捨。

下定決心改變自己的那一段時間，我永遠記得，清掉衣櫃的那一晚。我的朋友老實告訴我的問題，並且把我的衣服清成一座山，準備丟光。我望著沙發上那座統統被宣判出局的衣服山，覺得好累。滿滿的衣櫃被清得空蕩蕩，每一格都只有兩件、三件衣服在飄。我感傷地問自己：「過去build up的這一切，難道沒有值得留下來的嗎？」但內心的另一個聲音又鼓勵我：「多少人可以像我擁有這個moment，讓衣櫃只剩三件衣服？」

我們都曾想把衣櫃清掉，但做不到。

就像我們從來都沒有勇氣清理自己的人生。

如果不是一個浩劫推我做，我大概永遠也無法走上這條征途。

面對只剩三件衣服在飄的衣櫃，怎麼可能不害怕、不恐懼、不擔憂。

但如果不改變，我也再無其他退路。

從我過去的穿衣法則，把自己的身型全遮掩起來，但我不知道的是，身形是永遠遮不住的，不論我是否把我的手臂遮住，只穿寬鬆的衣服，別人都知道，只是沒有說出口。

就像從穿衣回看我的人生，我以爲我過去的婚姻遮掩得很好，但其實很多人都知道我的婚姻很糟。我只是在騙自己，大家都心知肚明。

我也反省，知道自己眞實內在不夠好，所以就一直遮掩，但我根本沒有遮住，人家知道，自己也知道，從這裡我體會到，我被很多事情給綑綁了。所以得先從打破慣性開始！

慣性該從哪裡打破？我從穿衣，你可以從別的地方，也可以跟我一樣！

美人偷偷說：

關於封面

在準備拍攝這本書的封面之前，爲了展現我對這本書的重視，我留了四個月的及肩頭髮，特地跟遠在香港的髮型師約了時間，請他幫我打造一個新造型。不剪沒事、一剪出大事！他幫我弄了個很飄逸、有流線感的髮型。剛整理好的當下，美到不像話，但接下來的日子裡我被唸到最高點。

V小姐丟了兩句話給我，她說「什麼樣的髮型，搭什麼樣的服裝！」言下之意，我的新髮型是不配我衣櫃內原有的衣服。我心想怎麼可能有這種事，不過就是髮型改變了一點點，哪可能有這麼大的影響。

我在衣櫃裡挑了兩套我之前穿起來最ok的衣服套套看，結果，整體感眞的大走鐘，完蛋了！距離拍封面只剩三天，根本來不及去添購原先設定好的衣服，我慌到最高點。我不知被唸死、瞪死、嚇死了多少腦細胞後，V小姐打了通電話給她在台北熟識的設計師Peter，拜託他加班救火。那一晚從十一點到近凌晨二點，Peter小心翼翼、慢慢的、一點點的幫我調整，深怕多修了〇．五公分會出更大的事。

光看髮型美到不行，吸引了五萬人在臉書上按讚。但是要配合這個髮型，衣櫃裡八〇%的衣服得被淘汰，因爲整體感不搭調。若要更換衣服工程更浩大，勞神又傷財，只好把髮型再改回來。

幕後花絮

螢光幕前第一次犧牲作！

Christine

「我現在非常想殺了你!!」這是美人拍攝西裝外套造型時對我發出的怒吼。但呼應怒吼的卻是滿場歡樂的大笑，包括專業攝影師在內。其實這套穿搭根本就不在當天的拍攝表單上，純屬V小姐跟我突發奇想的小詭計。

從下午兩點半就開拍的行程，至已過午夜十二點仍持續進行中。快陷入昏迷狀態的我，突然想到「改變心境、斷離慣性、勇於嘗試」是美人近期對自己穿著品味提升所總結出來的重點。那有沒有可能讓她再突破、並嘗試看看有別於原定拍攝表單上的造型呢？望了一下衣桿，大概只有西裝外套是可跟其他造型做區隔的。但放眼望去，現場沒有適合的內搭可以配，V小姐幽幽的說：「那就別穿內搭啊！」我先是倒吸了一口氣，但又覺得這提議挺不錯的！

於是我就將西裝外套塞進了更衣間，給正準備換下一套造型的美人。不出所料，她一拿到單件西裝就嚷嚷：「ㄟ！你沒給我內搭，怎麼穿？」我跟V小姐不約而同的回她：「你先穿出來看看，我們再找適合的內搭」。

她一出來，現場整個工作團隊都醒了！大家的驚呼、驚嘆聲此起彼落，絕對不是因爲覺得她有多美，而是因爲「這是我們不曾見過的于美人！」本來打算轉身回更衣間的她，面對大量的讚美，瞬間騎虎難下，只好順應民意的拍了起來。但她眼神驚恐、肢體僵硬、表情更顯憋屈，我們都感受得到她的彆扭不安。

爲了緩和她的緊張，我說：「天啊，這眞是你六十年來最大的突破ㄟ，太値得了！」她好氣又好笑的反駁著：「哪來的六十年啦！我告訴你，僅此一次！絕對沒有下次！」

拍這套造型時，她異常的安靜。因爲她眞的很不舒服，不是不開心，是這樣的造型對她而言是極大的挑戰。即便只是拍照，她也得很努力地克服內心的不知所措。期間一直在憋氣的她，好似不善游泳者，得要屏住呼吸、減少過度掙扎，避免被水嗆到或溺斃。攝影師在這組造型上花的時間最長、也拍了最多張，但很可惜的是成功率最低。

事後美人分享了她的心情，她說：「我眞的沒辦法那樣穿，可是又我想，如果今天不試，我以後也不會有這樣的機會。要試過之後才知道自己的能力或實力在哪裡。我不要回到以前那樣，沒經過努力就說NO」。一段稀鬆平常的話，但聽在我耳裡、心裡竟是感動萬分。願意爲自己改變的女人不僅最美麗，也最幸福！

國家圖書館出版品預行編目資料

我的改變練習曲／于美人 作 . -- 初版 . -- 臺北市：如何，2016.05
176 面；14.8×20.8 公分 --（Happy Learning ；154）
ISBN 978-986-136-456-8（平裝）

1. 衣飾　2. 時尚　3. 生活指導

423　　105004790

圓神出版事業機構　如何出版社 Solutions Publishing
http://www.booklife.com.tw　reader@mail.eurasian.com.tw

Happy Learning 154

我的改變練習曲

作　　者／于美人
文字協力／林軒如
發 行 人／簡志忠
出 版 者／如何出版社有限公司
地　　址／台北市南京東路四段50號6樓之1
電　　話／（02）2579-6600 · 2579-8800 · 2570-3939
傳　　真／（02）2579-0338 · 2577-3220 · 2570-3636
總 編 輯／陳秋月
主　　編／林欣儀
專案企畫／賴真真
責任編輯／林欣儀
校　　對／于美人 · 林欣儀 · 尉遲佩文
美術編輯／金益健
行銷企畫／吳幸芳 · 詹怡慧
印務統籌／劉鳳剛 · 高榮祥
監　　印／高榮祥
排　　版／杜易蓉
經 銷 商／叩應股份有限公司
郵撥帳號／18707239
法律顧問／圓神出版事業機構法律顧問　蕭雄淋律師
印　　刷／國碩印前科技股份有限公司
2016年5月　初版
2016年8月　8刷

定價 370 元　ISBN 978-986-136-456-8
版權所有 · 翻印必究
◎本書如有缺頁、破損、裝訂錯誤，請寄回本公司調換
Printed in Taiwan